规模化生态养羊
疫病防控答疑解惑

◎ 辛玲霞 李 峰 黄宇翔 主编

U0306717

中国农业科学技术出版社

图书在版编目（CIP）数据

规模化生态养羊疫病防控答疑解惑 / 辛玲霞，李峰，黄宇翔主编. --北京：中国农业科学技术出版社，2023.7

ISBN 978-7-5116-6153-1

Ⅰ.①规… Ⅱ.①辛… ②李… ③黄… Ⅲ.①羊病–防疫–问题解答 Ⅳ.①S858.26-44

中国版本图书馆 CIP 数据核字（2022）第 247075 号

责任编辑	张国锋
责任校对	贾若妍　李向荣
责任印制	姜义伟　王思文

出 版 者	中国农业科学技术出版社
	北京市中关村南大街 12 号　　邮编：100081
电　　话	（010）82106625（编辑室）　　（010）82109702（发行部）
	（010）82109709（读者服务部）
网　　址	https：//castp.caas.cn
经 销 者	各地新华书店
印 刷 者	北京富泰印刷有限责任公司
开　　本	170 mm×240 mm　1/16
印　　张	14
字　　数	300 千字
版　　次	2023 年 7 月第 1 版　2023 年 7 月第 1 次印刷
定　　价	48.00 元

《规模化生态养羊疫病防控答疑解惑》
编写人员名单

主　编　辛玲霞　李　峰　黄宇翔

副主编　王韵斐　陈秋菊　王辉胜　王　毅
　　　　魏宗友　李　静

编　者　何　露　徐爱芹　白　涛　师瑞梅
　　　　龙木措　佘锐敏　韩　博　于洪亮
　　　　宋　瑞　闵令男

前　　言

随着人民生活水平和生活质量的不断提高，绿色、优质的羊肉、羊奶、羊毛等产品越来越受到青睐，羊的规模化生态养殖方兴未艾。养殖从业者从农业可持续发展的角度，根据生态学、生态经济学的原理，将传统养殖方法和现代科学技术相结合，利用林地、草场、果园、农田、荒山和河滩等资源，实行标准化生产，选择优质抗病羊种，实行舍饲、自由放养或舍饲、放牧相结合，大量利用农作物秸秆，或让羊群觅食野草、树叶等自然饲料为主，人工科学补料为辅，严格限制化学药品和饲料添加剂的使用，禁用任何激素和人工合成促生长剂，通过良好的饲养环境、科学饲养管理和卫生保健措施，最大限度地满足羊群的营养、生理和心理需求，充分释放天性，提高了羊群本身的免疫力和抗病力。采取以上综合防控措施，使羊少得病甚至不得病，得病后少用药物或不用药物，尤其是少用或不用化学药物，使羊肉、羊乳等产品达到无公害食品乃至绿色食品的标准，抓住原始、生态、无污染环节，满足广大消费者追求纯天然的需求。

本书是编者几十年羊病综合防控的教学、科研、诊疗经验的总结。编写过程中，本着立足基层、服务基层的原则，将科学性和实用性融为一体，系统、全面地介绍标准、规范、实用的生态养羊疫病防控与临床诊疗新知识、新技术，具有较强的实用性、针对性和可操作性。在内容上，突破了常规同类图书偏重叙述发病机理，生产实践防控策略较少的模式，将生物安全、选药用药等作为重点内容来编写，技术性强、简明实用；在形式上，采用问答形式，一问一答，答疑解惑，便于读者检索。

本书可作为广大规模化生态养羊场户的指导用书，也是兽医院、基层兽医站技术人员的必备用书，还可供兽医专业的高职、大专院校学生参考学习使用。

由于编者水平有限，书中的不足和疏漏在所难免，诚恳希望各地读者在使用中提出宝贵意见，以使本书日臻完善。

编　者

2022 年 11 月

目　　录

第一章 概 述

1. 什么是生态养羊？

生态养殖是指运用生态学原理，保护区域生物多样性与稳定性，合理利用多种资源，以取得最佳的生态效益和经济效益。生态养殖是在我国农村大力提倡的一种生产模式，其最大的特点就是在有限的空间范围内，人为地将不同种的动物群体以饲料为纽带串联起来，形成一个循环链，目的是最大限度地利用资源，减少浪费，降低成本。

具体到生态养羊，主要是通过羊标准化养殖配套技术，在全程养羊生产过程中，既要体现生态学和生态经济学的理论，也要充分利用清洁生产工艺，从而达到改善肉质、羊奶风味，保障食品安全，提高我国羊产品质量，增强产品的国际市场竞争力，提高羊的养殖效益的最终目的；通过对羊排泄物进行无公害处理及综合利用，实现清洁生产，加强养殖及生物环境控制，减少环境污染；有效利用农作物秸秆及很多农副产品、牧草，转变为人类所需要的肉、奶、毛等，可实现节能减排，提高资源利用率，实现养羊业的可持续发展。

2. 什么是动物疫病？

《中华人民共和国动物防疫法》（以下简称《动物防疫法》）第三条第三款规定，动物疫病是指动物传染病和寄生虫病。

3. 以羊的小反刍兽疫为例，能否解释一下什么是动物传染病？

动物传染病是指由病原微生物引起，具有一定潜伏期和临床表现，并具有传染性和流行性的疾病。以羊的小反刍兽疫（羊瘟）为例，解释动物传染病。

病原：小反刍兽疫病毒。

流行病学：一年四季均可发生，易感羊群的发病率和死亡率可达100%。

潜伏期：是指从感染病原到动物最早临床症状开始的时间。小反刍兽疫的潜伏期一般为4~6天，短的为1~2天，长者10天，《OIE陆生动物卫生法典》规定最长潜伏期为21天。

临床症状：山羊临床症状比较典型。发热，体温可达40~41℃，持续3~8天，口鼻分泌物严重增加，腹泻严重，有时有口腔溃疡；有时表现支气管肺炎，类似羊支原体肺炎；怀孕母羊可发生流产。

小反刍兽疫为羊的高度接触性动物传染病，主要通过呼吸道和消化道感染。传播方式主要是接触传播，可通过与病羊直接接触传播，病羊的鼻液、粪尿等分泌物和排泄物可含有大量的病毒，与被病毒污染的饲料、饮水、衣物、工具、圈舍和牧场等接触也可发生间接传播，在养殖密度较高的羊群偶尔会发生近距离的气溶胶传播。

4. 羊传染病发生的主要环节是什么？

传染病的一个基本特征是能在个体之间直接或间接相互传染，构成流行。传染病能在羊群中发生、传播和流行，必须具备3个必要环节：传染源、传播途径、易感羊。

（1）传染源　就是受感染的羊，包括病羊和带菌（毒）羊，尤其是带菌（毒）羊，外表无临床症状且一般不易查出，容易被人们忽视。对病羊和带菌（毒）羊，要隔离，积极治疗；如果不治死亡后，要采取焚烧或深埋处理方法，切断传染源；如果治愈，也要继续观察一段时间后，再和其他羊合群。

（2）传播途径　指病原从传染源排出后，经过一定的方式再侵入健康动物经过的途径。传播途径可分为水平传播和垂直传播2类。

水平传播的传播方式可分为直接接触传播和间接接触传播。直接接触传播是在没有任何外界因素参与下，病羊与健康羊直接接触引起传染，特点是一个接一个发生，有明显连锁性。间接接触传播，即病原体通过媒介如饲料、饮水、土壤、空气等间接地使健康羊发生传染。大多数传染病以间接接触为主要传播方式。垂直传播即从母体经胎盘、产道将病原体传播给后代。

对病羊要早发现、早隔离、早治疗，切断病原体的传播途径，对母畜患有传染病的要及时治疗，对不能治愈的要及时淘汰，防止将病原体传播给后代。

（3）羊的易感性 是指对某种传染病病原体感受性的大小。与病原体的种类和毒力强弱、羊的免疫状态、遗传特性、外界环境、饲养管理等因素有关。给羊注射疫苗、抗病血清，或通过母源抗体使羊变为不易感，都是常采取的措施。

5. 什么是动物寄生虫病？

动物寄生虫病是指寄生虫寄生于动物体内或体表引起的疾病。比如，马蛔虫病、羊包虫病、牛羊疥癣病、鸡球虫病等，都属于动物寄生虫病。

6. 动物疫病共分为几类？

我国《动物防疫法》第四条规定，根据动物疫病对养殖业生产和人体健康的危害程度，本法规定的动物疫病分为下列三类：

（一）一类疫病，是指口蹄疫、非洲猪瘟、高致病性禽流感等对人、动物构成特别严重危害，可能造成重大经济损失和社会影响，需要采取紧急、严厉的强制预防、控制等措施的；

（二）二类疫病，是指狂犬病、布鲁氏菌病、草鱼出血病等对人、动物构成严重危害，可能造成较大经济损失和社会影响，需要采取严格预防、控制等措施的；

（三）三类疫病，是指大肠杆菌病、禽结核病、鳖腮腺炎病等常见多发，对人、动物构成危害，可能造成一定程度的经济损失和社会影响，需要及时预防、控制的。

7. 我国规定的一、二、三类动物疫病中，羊的疫病有哪些？

2022 年 6 月中华人民共和国农业农村部公告（第 573 号）公布了《一、二、三类动物疫病病种名录》，我国规定的一类动物疫病 11 种，分别是：口蹄疫、猪水疱病、非洲猪瘟、尼帕病毒性脑炎、非洲马瘟、牛海绵状脑病、牛瘟、牛传染性胸膜肺炎、痒病、小反刍兽疫、高致病性禽流感。

二类动物疫病 37 种，其中多种动物共患病 7 种，分别是：狂犬病、布鲁氏菌病、炭疽、蓝舌病、日本脑炎、棘球蚴病、日本血吸虫病；绵羊和山羊病 2 种：绵羊痘和山羊痘、山羊传染性胸膜肺炎。

三类动物疫病 126 种。其中，多种动物共患病 25 种，分别是：伪狂犬病、轮状病毒感染、产气荚膜梭菌病、大肠杆菌病、巴氏杆菌病、沙门氏菌病、李氏杆菌病、链球菌病、溶血性曼氏杆菌病、副结核病、类鼻疽、支原体病、衣原体病、附红细胞体病、Q 热、钩端螺旋体病、东毕吸虫病、华支睾吸虫病、囊尾蚴病、片形吸虫病、旋毛虫病、血矛线虫病、弓形虫病、伊氏锥虫病、隐孢子虫病。绵羊和山羊病 7 种，分别是：山羊关节炎/脑炎、梅迪－维斯纳病、绵羊肺腺瘤病、羊传染性脓疱皮炎、干酪性淋巴结炎、羊梨形虫病和羊无浆体病。

8. 目前规模化生态养羊疫病流行有什么特点？

（1）疫病种类多，流行和发病情况各异　生态养羊过程中，如果养殖密度控制不当、引种不科学、羊群流动频繁、养殖环境恶劣等，为多种病原传播、扩散创造了条件和机会，无形中增加了各种传染病流行的概率。病原侵入羊群后，某些病原还会存在一定的潜伏期，在整个潜伏期内，病原快速流行传播，最后导致疫情突然暴发，使羊群中病死羊的数量激增，最终给养殖户带来不可挽回的损失。

在流行形式上，山羊痘和山羊传染性胸膜肺炎，在近年常常呈暴发和地方性流行。危害极大，损失惨重。其他病多呈散发。

在发病品种和地区分布上，绵羊主要集中在三大牧区。过去山羊饲养主要以牧区、山区和深丘地区为主，现在饲养区域扩大和主要集中在盆地内浅丘和平原地区。从区域上盆地内浅丘和平原山羊较集中的地区，这些地方山羊的疫病就更为突出。小反刍兽疫对羊的危害不可小觑。

在发病季节上，一年四季均可发生，但羔羊的疾病多发于冬季、春初天气寒冷的季节。

从发病症状上看，以呼吸道症状（如山羊传染性胸膜肺炎）和腹泻（如羔羊痢疾）为主。

（2）继发、并发及混合感染比例不断增加　综合近年养殖场（户）疫病的流行特点调查数据可以发现，单一化的传染性疫病发病率呈现下降趋势，多种疾病混合感染呈明显趋势。在生产实践中常见同一临床症状多病因、多病联发，很多病例是由2种或2种以上病原对同一机体产生致病作用。混合和继发感染的病例明显增多，特别是一些条件性、环境性病原微生物所致的疾病更为突出，常常是病毒病与细菌病同时发生或多种细菌病、病毒病、寄生虫病甚至普通病同时发生，临床上比较多见的同一病症多病因和多病联发是羔羊痢疾和其他几种梭菌、羔羊大肠杆菌、沙门氏菌、肠球菌混合感染或继发感染、羊的几种支原体病和巴氏杆菌混合感染或继发感染等，这些多病原的混合和继发感染给诊断和防控工作带来很大的困难，给养羊业造成了很大的威胁。

（3）细菌性疾病防控越来越困难　由于管理意识与规模养殖步伐不一致，尤其是广大农村饲养户的疫病防控水平较低及环境生物安全意识淡薄，而且随着养羊规模扩大，环境污染越来越重，细菌性疾病明显增多。如羔羊大肠杆菌病、羊梭菌病、沙门氏菌病、巴氏杆菌病和链球菌病等。因为缺乏科学的用药指南，导致临床上盲目用药，或者有的养殖户根本就不愿用药医治，或者把病拖很久了才用药，或者滥用药物、随意加大或减少药品剂量，或者用药持续时间不足，一见临床症状有好转就停药等，导致山羊的细菌性疾病反复发作，长此以往，机体产生了耐药性，诸多抗生素都难以奏效，治疗难度加大。

（4）寄生虫感染率高、危害越来越大，螨病是重点　寄生虫病是危害养羊业的主要疾病之一，目前有上升的趋势，主要的羊寄生虫病有片形吸虫病、反刍兽绦虫病、羊消化道线虫病和螨病等。由于缺乏合理的驱虫程序和延用过期的驱虫药，不仅防治效果差，使羊的生长速度缓慢，降低了饲料报酬，而且使羊的生产性能降低，有的因虫体（如疥螨）寄生于皮肤内形成结节和穿孔，使皮张品质下降，严重影响了养羊业的经济效益，甚至还可能引起细菌感染，导致直接死亡等。严重危害山羊的寄生虫包括吸虫、绦虫、线虫和疥螨等，感染率高，混合感染严重。

（5）某些传染病危害加大 目前对养羊业尤其是山羊养殖业，危害较大的传染性疾病主要有一类动物疫病小反刍兽疫，二类动物疫病山羊痘和绵羊痘、山羊传染性胸膜肺炎、布鲁氏菌病、炭疽、棘球蚴病等，以及三类动物疫病中的片形吸虫病、囊尾蚴病、山羊关节炎-脑炎、梅迪-维斯纳病、绵羊肺腺瘤病、羊传染性脓疱皮炎、干酪性淋巴结炎、羊梨形虫病、羊无浆体病、羔羊大肠杆菌病、巴氏杆菌病、链球菌病、衣原体病、破伤风等。其中，小反刍兽疫、山羊传染性胸膜肺炎等疫病危害较大，要重点加强防控。

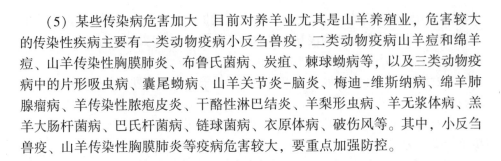 9. 生态养羊疫病发生的原因有哪些？

（1）日常饲养管理的因素 大多数养殖户在养殖过程中由于缺乏对疫病流行的认知，风险意识不足，导致日常饲养管理出现了很多问题，具体体现在以下2个方面。第一，环境控制不合理。羊舍修建简陋，没有按照相关规范科学地规划。有些养羊户为了节省成本开支，就随意建设羊舍，导致羊舍的环境脏乱差，这样一来，疫病发生的概率就大大提高了。对于规模化养殖场来说，由于养殖密度较大，羊群之间相互接触很容易加重致病原的传播流行，再加上养殖场不重视羊舍的清理和卫生消毒，使养殖场的环境快速恶化，有毒有害气体导致羊的上呼吸道黏膜的保护功能逐渐下降，给多种呼吸系统疾病的传播流行提供了条件。第二，饲料搭配不合理。目前，养殖户养羊基本都以舍饲养殖为主，一旦出现饲料营养不全，就会使羊自身抵抗力下降，很容易受到疫病的侵袭。有些养殖户在饲养过程中，饲料搭配单一，精饲料、粗饲料的配比不合理，出现了营养不平衡的现象。

（2）防疫技术设施的因素 目前，我国的防疫水平相比以前有所提升，但是，还存在很多问题。比如防疫人员缺乏、资金投入不足等。在基层疫病防疫队伍中，技术人员的水平相对不高。再加上基层防疫人员的收入水平有限，致使人才流动性大。最关键的是，基层防疫的设施不齐全，例如，实验室检测项目有限，不能够及时检测一些病毒。同时，对于相关疫病的防控措施不科学，没有按照相关规范执行与操作。

（3）消毒的因素 为了控制疫病，不让疫病大面积传播与流行，就需要彻底的消毒。但是，在具体养殖过程中还存在消毒制度不完善的情况，并没有设置周密严谨的防疫消毒制度。有些地区制定了相关的制度，但是在落实不彻底，没有按照相关制度严格地贯彻与落实。一旦发生了疫病，很可能会使疫病大面积传播流行，增加了后期疫病防控的难度。

（4）疫苗免疫的因素　做好疫苗免疫是防范多种传染性疾病传播和流行的最有效措施，但很多养殖户存在盲目心理和侥幸心理，认为只要自己养殖的动物不存在明显的临床症状就是健康的。近些年来，羊传染性疾病呈现出新的流行特点，个别疫病的暴发流行过程中不会表现出明显的临床症状，使疾病在养殖场中反复发生。某些养殖户虽然能够对羊群进行有效的免疫接种，但在免疫接种过程中，也存在诸多不合理的现象，疫苗免疫表现出随意性，常常将多种疫苗一起免疫接种，疫苗之间相互产生了反应，使得羊群存在严重的免疫空白期，这就给疾病的传播流行提供了条件。

（5）中毒性因素　生产实践中，经常会遇到羊中毒的情况。如过量饲喂青贮饲料、谷物饲料引起的瘤胃酸中毒，误食植物毒芹、狼毒、夹竹桃、小茴草根、闹羊花、木贼草等有毒植物中毒，高粱苗、玉米苗引起的氢氰酸中毒，过量采食叶菜类饲料和幼嫩的青饲料引起的亚硝酸盐中毒，采食发霉变质的饲料、发芽的土豆、患黑斑病的甘薯引起的中毒，等等。

另外，放牧羊采食了刚喷过农药的棉田、果园附近的牧草，容易引起农药中毒；不科学地使用了用尿素处理的秸秆、偷食或误食了尿素，会引起尿素中毒；过量使用了未经脱毒处理的棉籽饼、菜籽饼可引起棉酚、芥子碱中毒；过量使用或偷食了食盐可引起食盐中毒；等等。

10. 养殖场（户）怎么知道羊发生疫病了？

凡是在短时间内出现发病数量增多、死亡率高、产奶量明显下降、出现异常临床症状、常规治疗没有效果时，就要怀疑羊是否感染疫病。

11. 怀疑羊得了疫病，该怎么办？

《动物防疫法》规定，羊发生传染病时，要进行紧急处置。主要内容包括以下几项。

① 兽医人员要立即向上级部门报告疫情（如口蹄疫、羊痘等烈性传染病），划定疫区，采取严格封锁措施，组织力量尽快扑灭。

② 立即将病羊和健康羊隔离，以防健康羊受到传染。就地迅速采取隔离

措施，把染疫动物和同群动物分别隔离，在养殖场所周边喷洒消毒剂，等待专业人员处理。在此期间，禁止个人买卖动物、屠宰动物、运输动物。

③ 对于可疑感染羊（与病羊有过接触，目前未发病的羊），必须单独圈养，观察 20 天以上不发病，才能与健康羊合群。

④ 工作人员出入隔离场所要遵守消毒制度，其他人员、畜禽不得进入。

⑤ 隔离区内的用具、饲料、粪便等，未经彻底消毒不得运出。

⑥ 没有治疗价值的病羊，在死亡后，要进行焚烧或深埋。

⑦ 对健康羊和疑似羊要进行疫苗紧急接种或进行预防性治疗。

12. 动物发生疫病，由谁来向社会发布动物疫情？

《动物防疫法》明确，国务院农业农村主管部门向社会及时公布全国动物疫情，也可以根据需要授权省、自治区、直辖市人民政府农业农村主管部门公布本行政区域的动物疫情。其他单位和个人不得发布动物疫情。

未经许可，任何单位和个人擅自发布动物疫情，要由县级以上地方人民政府农业农村主管部门责令改正，处三千元以上三万元以下罚款。

根据《中华人民共和国治安管理处罚法》相关规定，发布虚假动物疫情的，按"虚构事实，扰乱公共秩序"处以 15 日以下治安拘留，并处罚款。

13. 动物强制性扑杀后，可以获得补助吗？

国家在预防、控制和扑灭动物疫病过程中，对被强制扑杀动物的所有者给予补偿，补助经费由中央财政和地方财政共同承担。目前，纳入中央财政补助范围的强制扑杀疫病种类包括非洲猪瘟、口蹄疫、高致病性禽流感、小反刍兽疫、布病、结核病、包虫病、马鼻疽和马传贫。根据补助费平均测算标准，羊500 元/只。具体以所在地细化补助测算标准为准。

14. 羊疫病的综合防控措施有哪些？

（1）执行严格的检疫检验制度　在发展羊养殖产业或者在出售羊过程中，

都需要进行严格的产地检疫，严格落实动物防疫法规的相关要求，认真执行每一个检疫环节，羊养殖产业发展过程中，应该引导养殖户坚持自繁自育、封闭化的养殖管理模式，要转变养殖户的传统认知。在引种之前一定要做好产地流行病学调查，掌握引种养殖场的疫病流行动态，药物使用情况，避免将隐性带菌羊引入养殖场。特别是应该做好出入养殖场的检疫检验工作，要从非疫区购进羊只并进行严格的检疫，出具相应的检疫合格证明书之后才能够运输，到达养殖场之后应该至少隔离观察1个月，按养殖场的免疫程序，确认健康后才能够合群养殖。

（2）控制养殖环境，强化卫生消毒　保持养殖环境清洁卫生是防范多种传染性疾病传播流行的重要环节，在日常养殖管理过程中就需要养殖场制订完善的清洁管理方案，保证整个养殖环境的清洁卫生，这样能够减少病原的繁殖生长，切断病原的传播途径，保护易感群体。一方面，应该定期对羊舍进行严格的清扫和卫生消毒，及时清理圈舍当中的各种废弃物，污染物和粪便堆积发酵，杀灭粪便当中的多种致病菌，另一方面，还应该每天清洗饮水槽，定期更换饮用水。每间隔3天选择使用消毒剂，对饮水槽和饲料槽进行1次严格的卫生消毒。养殖场还需要构建完善的卫生消毒方案，做到因地制宜选择适合的消毒剂，常用的消毒剂主要包括过氧乙酸、百毒杀、复合碘制剂、氯制剂等，这些消毒剂能够快速消灭病原。当养殖场出现发病情况之后，应该及时将患病羊隔离，并将病情上报，进行专业的诊断，做到早发现早确诊早治疗，这对控制疫情的传播蔓延有很大帮助。

（3）严格疫苗免疫接种　进行严格的疫苗免疫接种是防范疾病传播流行，尤其是重特大传染性疾病传播流行的最有效措施。基层畜牧兽医人员应该利用动物疫病防治，重特大动物疫病免疫接种以及畜牧养殖技术推广应用的各种契机，加强免疫接种相关知识的宣传带动，要引导养殖户充分认识到免疫接种的重要性。除了做好重特大传染性疾病免疫接种之外，还应该深入基层，充分调查养殖场的疫病流行动态，并结合疫病的发生情况，构建本养殖场针对性的免疫程序，并执行严格的免疫程序。在免疫接种期间，应该规范养殖户的免疫接种行为，要从有资质的经销商或者生产企业购买高品质的疫苗，避免一次性接种多种疫苗，应该按照羊的年龄和疫病的流行动态进行针对性的免疫接种。在免疫接种前5天和后5天禁止使用各种消毒剂和抗生素抗病毒等药物，否则，很容易降低疫苗免疫效果，造成动物机体出现严重的免疫空白。

在羊养殖产业发展过程中，传染性疾病的传播流行会严重威胁到羊群的健康生长发育。如果不能够切实做好羊传染性疾病的防范工作，很容易加重疫情,尤其是某些重特大传染疫情的传播蔓延。因此在日常养殖过程中应该始终树立预防为主、防治结合的原则。养殖场一旦出现传染性疾病,应该立即将患病羊单独隔离,并将疫情上报,由专业兽医人员进行严格的诊断和针对性治疗。对于某些重特大传染性疾病,通常不需要治疗,而需要进行严格的扑杀、无害化处理和封锁隔离,避免疫情进一步扩大蔓延。

第二章 符合规模化生态养羊防疫要求的设施设备

 1. 环境对养羊的影响有多大？

影响羊的自然生态因素主要有物理、化学和生物学因素，这些自然生态因素与社会生态因素（经济、政治、历史、文化、人们的生活习惯等）共同形成了羊的自然生态环境，决定了养羊业的发展。在自然环境因素中，物理因素最为重要，它决定了化学因素和生物学因素。

（1）温度 一般来说，当环境温度下降至临界温度时，散热增加，羊必须提高代谢率以维持体温。当环境温度上升到上限临界温度时，羊体散热受阻，体温升高，代谢也提高。当环境温度过高或过低时，羊的体温开始上升或下降，最终死亡。因此，要在适宜的环境中饲养适宜的品种。还有，绵羊、山羊的临界温度受很多因素的影响，如饲养管理、被毛温度、饲养密度、环境干湿度，羊的品种、性别、年龄等。另外，还与环境因素如降水、风力、光照强度等相关。因此，很难给出一个明确的范围。一般来说，羊的适宜抓膘温度为8~22℃，14~22℃为最适温度。还有就是温度对羊繁殖有一定影响，试验表明，母羊配种当天周围温度达到32℃时几乎不可能受胎。

（2）湿度 不同品种的羊对湿度的适应性不同，总的来说，山羊较绵羊耐受湿度范围大。但无论绵羊或山羊，高温高湿对其生长均非常不利，会引发寄生虫疾病的暴发以及腐蹄病等。因此，温暖干燥的环境最适宜养羊。不同品种的羊对湿度和降水的要求是不同的。

（3）风 风影响了蚊虫的活动，一般夏季3~4级风可避免蚊虫对羊采食的干扰。

（4）光照 光照影响松果体分泌褪黑素。褪黑素分泌规律为白天低、夜间高，短日照增加、长日照减少。褪黑素在光周期变化和羊的繁殖季节变化之间起传导作用。羔羊的性成熟时间、成年绵羊的繁殖也受光照的影响。10月出生的羔羊，初情期为49周龄，3月出生的羔羊则为31周龄。

（5）海拔　海拔主要影响羔羊的分布。因此，在羊的引种过程中，尤其是从低海拔往高海拔地区引种时，应特别注意防止高山病的发生，避免造成不必要的损失。

（6）地形与土壤　放牧饲养的羊，放牧效果的优劣与放牧地形特点有很大关系。平缓的放牧地利于放牧和羊的增重，而坡度较大的山地放牧效果随品种的不同而差异较大。在这里就不举例子说明了。土壤是自然环境中重要的因素，它直接或间接地影响养羊生产。不同颜色的土壤由于化学性质不同，其中，矿物质含量不同，通过影响土壤上的植物而影响羊的健康。因此，需要检测土壤状况，在羊的饲料中补充缺乏的元素，以此来保证羊的健康。

只有各方面的准备工作都做到位，对环境情况了解透彻，才能让羊少得病，安安心心地养羊，高高兴兴地出产量，达到真正的生态高效养羊。

2. 如何进行羊舍的环境控制？

羊舍环境控制就是通过人工手段以克服羊舍不利环境因素的影响，建立有利于羊健康和生产的生态环境条件。其主要采取的措施包括羊舍的防寒避暑、通风换气、采光照明、消毒等。

（1）羊舍的防暑与降温　在天气炎热的情况下，一般是通过降低空气温度、增加非蒸发散热，来缓和羊的热负荷。通常是从保护羊免受太阳辐射，增加羊传导散热、对流散热和蒸发散热等行之有效的办法来加以解决。

① 搭凉棚。对于简易羊舍，要加宽羊舍屋檐，有的羊场羊槽在运动场，这就使得羊大部分时间在运动场活动和采食，在运动场搭凉棚就尤其重要。搭凉棚一般可减少30%~50%的太阳光辐射热。还有要绿化羊舍周围环境，通过植物蒸腾作用和光合作用吸收热，有利于降低气温。

② 设计隔热的屋顶，加强通风。为了减少屋顶向舍内传热，在夏季炎热而冬季不冷的地区，可以采用通风的屋顶，其隔热效果很好。通风屋顶是将屋顶做成2层，屋顶内的空气可以流动，进风口在夏季宜正对主风。由于通风屋顶减少了传入舍内的热量，降低了屋顶内的表面温度，所以，可以获得很好的隔热防暑效果。在夏凉冬冷地区，则不宜设通风屋顶，这是因为在冬季这种屋顶会促进屋顶散热。另外，羊舍场址宜选在开阔、通风良好的地方，位于夏季

主风口，各羊舍间应有足够距离以利通风。

③ 遮挡阳光，绿化环境。窗户设挡板遮阳来阻止太阳光入舍，可采用水平或垂直的遮阳板，或采用简易活动的遮阳设施，如遮阳棚、帘子等；同时，也可栽种植物进行绿化遮阳，利用植物光合作用和蒸腾作用，消耗部分太阳辐射热，降低舍外温度。屋外种植花草，蓄水养鱼也可降温。

④ 利用主风向、加强通风散热。为了保证夏季羊舍有良好的通风，让羊避暑，羊舍的朝向应尽量面对夏季的主风向，以确保有穿堂风通过，使羊体凉爽。

⑤ 羊舍降温。通过喷雾和淋浴方法，来降低舍内温度，用淋浴降温作用是淋湿羊体表，直接降温和加强蒸发散热，同时，可吸收空气中的热量而降低舍温。喷雾降温不用湿润体表，就可以促进羊体蒸发散热。

（2）羊舍的防寒保暖　我国北方地区冬季气候寒冷，应通过羊舍的外围结构合理设计，解决防寒保暖问题。羊舍失热最多的是屋顶、天棚、墙壁和地面。

① 屋顶和天棚。屋顶和天棚面积大，热空气上升，热能易通过天棚、屋顶散失。因此，要求屋顶、天棚结构严密、不透气，天棚应铺设保温层、锯木灰等，也可采用隔热性能好的合成材料，如聚氨酯板、玻璃棉等。天气寒冷地区可降低羊舍净高，以维护羊舍温度。

② 墙壁。墙壁是羊舍的主要外围结构，要求墙体能够隔热、防潮，寒冷地区应选择导热系数较小的材料，如空心砖、铝箔波形纸板等作墙体。羊舍长轴应呈东西方向配置，北墙不设门，墙上设双层窗，冬季加塑料薄膜、草帘等。

③ 地面。地面是羊活动直接接触的场所，地面冷热情况直接影响羊体。石板、水泥地面坚固耐用，且能防水，但冷、硬，寒冷地区作羊床时应铺垫草、木板。羊舍的地面多数采用三合土和夯实土地面，这种地面在干燥状况下，具有良好的温热特性。而水泥地面又冷又硬，对羊极为不利。空心砖导热系数小，是好的羊舍地面材料，在其下面再加一层油毡或沥青防潮，效果较好。

④ 选择有利的羊舍朝向。羊舍的设计以坐北朝南为好，运动场朝向以南向为好，有利保温采光。

⑤ 防寒。冬季能通过提高饲养密度、铺设垫草来进行防寒。

（3）羊舍的通风换气　通风换气是为了排出羊舍内产生的过多水汽和热量，驱走舍内产生的有害气体和臭味。

① 羊舍的通风换气装置。羊舍的通风装置多采用流入排出式系统，进气管均匀设置在羊舍纵墙上，排气管均匀设置在羊舍屋顶上。进气管间距为2~4米，排气管间距1~2米。进气管可分别设置在纵墙距天棚40~50厘米处及距地面10~20厘米处，设调节板，控制进风量。冬季用上面的进气管，同时堵住下面的进风管，避免羊体受寒。夏季用下面的，有利羊体凉爽。排气管一般设置在羊床上方，沿屋脊两侧交错垂直安装在屋顶上，下端由天棚开始，上端高出屋脊0.5~0.7米，管内设调节板。排气管上设通风帽。

② 机械通风。羊舍多采用机械通风方式里的负压通风，负压通风也称排气式通风或排风，通过风机抽出舍内的污浊空气，舍内空气压力变小，舍外新鲜空气通过进气口或进气管流入舍内而形成舍内外空气交换。因其比较简单、投资少、管理费用也较低。

（4）羊舍的采光　控制羊舍采光的主要方法如下。

① 窗户面积。羊舍窗户面积越大，采光越好。窗户面积常用采光系数来表示。采光系数指窗户的有效采光面积与舍内地面面积之比。

② 玻璃。干净的玻璃可以阻止大部分的紫外线，脏的玻璃可以阻止15%~19%可见光，结冰的玻璃可以阻止80%可见光。

3. 生态养羊场应如何选址？

由于我国各地气候、环境、经济条件以及养羊业发展状况不均衡，所以，羊场的建设及设施差异较大。在场址选择与布局规划中需充分考虑满足羊的生理特点和生长要求，以保证其表现最好的生产性能。既要做到因地制宜，又要着眼于规模化、集约化的生态养羊生产方式。

选择生态养羊羊场场址时应考虑羊只的数量和发展规模、资金状况、经营方式、生产特点（种羊场或商品羊场）、饲养管理方式（舍饲或放牧）以及集约化程度等因素，还要考虑环境保护和当地条件，尽量降低生产成本等。同时，针对场址所处的地势、水源、交通、防疫等条件进行综合分析。因此，选择场址需要周密考虑，统筹安排，要有长远的规划，以适应养羊业的发展需要。

（1）羊场要远离居民点，土质最好为砂壤土　建场前应对当地的疫情进行详细的调查，切忌在传染病疫区建场。场址选择地要不受周围居民点等环境的污染，同时，羊场也不能成为周围居民点、水源地的污染源。为防止疫病的传播，羊场距离公路、铁路等交通干道、居民点和其他畜群，应至少保持500

米以上的距离。

另外，羊场的土质应坚实，具有均匀的可压缩性，最好是透气、渗水的砂壤土，因为砂壤土透水透气性良好，持水性差，有利于排出积水和防潮。因而雨后不会泥泞，易于保持适当的干燥环境，防止病原菌、蚊蝇、寄生虫卵等生存和繁殖，同时，也利于土壤本身的自净。

（2）地势高燥且自然生态条件符合品种要求　羊喜干厌湿，若生活在潮湿的环境中，容易感染寄生虫病及腐蹄病，影响生长发育和健康，因此，羊场应建在地势较高、排水良好、通风干燥的平坦地带。朝向以坐北向南或偏东5°~10°为宜，即场地高于周围地势，地下水位在 2 米以下，不宜在低洼涝地、山洪水道、冬季风口、泥石流通道等处修建羊舍。

（3）地形开阔整齐，平坦向阳　地形要求开阔整齐，有一定的发展余地。若在山区坡地修建羊场，应选择坡度平缓、向南或向东南倾斜处，以利于阳光照射和通风透光。如果是为引进新品种修建羊场，场址地域的自然生态条件应与原品种产地的自然条件一致或接近。

（4）饲草来源充足且保证水源清洁　羊是草食家畜，所需的饲草饲料总量较多，因此，要有充足的饲料来源。以舍饲为主的农区，要有足够的饲草、饲料来源，在北方牧区和南方草山、草地区域，要有充足的放牧场地及较大面积的人工草场。特别注意应为繁殖母羊准备足够的越冬干草和青绿多汁饲料。羊场应有充足和清洁的水源，且要求取用方便，设备投资少。水量要能保证场内职工用水、羊群饮水和消毒用水。一般羊的需水量是舍饲大于放牧，夏季大于冬季。羔羊与成年羊的需水量分别为每只每天 5 升和 10 升。水质必须符合畜禽饮水的卫生标准，以泉水、井水和自来水较理想，切忌在水源不足或受到严重污染的地方建场。

（5）交通与通讯方便且能源供应充足　为了保证畜产品的加工运输和饲草饲料加工以及应用养羊新技术、新设备，羊场应建在作物种植区附近，并具有一定的交通、通讯及电力条件的地方，电力负荷能满足生产需要和稳定供应，山区建场更应注意这个问题。

（6）有利于产品销售和加工　羊场的选址既要与当地畜牧业发展规划和生态环境条件相适应，又要考虑养羊业发展趋势和市场需求的变化，以便扩大生产规模和调整生产结构。此外，种羊场最好建在养羊生产基础较好的地区，以便于就近推广和组织生产，有利于产品的销售与加工。

（7）生态环保　充分了解当地疫情，不能在传染病和寄生虫病的疫区建场。同时，羊场也不能成为周围居民点的污染源。一旦发生疫情，便于进行隔离封锁。羊场应积极采取措施，对产生的废弃物进行综合利用，实现污染物的资源化利用。如废水不得排入敏感水域和有特殊功能的水域，应坚持种养结合的原则，经无害化处理后尽量充分还田；为了防止粪便污染环境，充分利用粪便中丰富的营养和能量资源，应当采用干燥或发酵等方法对羊粪进行无害化处理。病死羊尸体含有大量病原体，只有及时经无害化处理，才能防止各种疫病的传播与流行。严禁随意丢弃、出售或作为饲料。选择适宜方法处理病死羊尸体。

4. 生态养羊的羊舍类型有哪些？

根据用途不同，分为种公羊、繁殖母羊、羔羊、育成羊、育肥羊及隔离观察等羊舍。

根据舍内分布方式不同，分为单列式和双列式羊舍。规模较小的羊场适宜采用单列式羊舍，通风、保暖等性能较好。大型规模养殖场适宜采用双列式羊舍。

根据开放形式不同，分为开放式羊舍、半开放式羊舍和封闭式羊舍。如中西部等天气寒冷地区，羊舍建筑要充分考虑冬季保暖。半开放羊舍、塑膜暖棚羊舍、封闭羊舍是当今较为普遍应用的羊舍。

（1）半开放羊舍　半开放羊舍三面有墙，向阳一面敞开，有部分顶棚，在敞开一侧设有围栏，水槽、料槽设在栏内，肉羊散放其中。每舍（群）40~100只，每只羊占有舍面积1.5米²。这类羊舍造价低、节省劳动力，但冬季防寒效果差。

（2）塑膜暖棚羊舍　塑膜暖棚羊舍属于半开放羊舍的一种，是近年来北方寒冷地区推出的一种较保温的半开放羊舍。与一般半开放羊舍比，保温效果较好。塑膜暖棚羊舍三面全墙，向阳一面有半截墙，有1/2至2/3的顶棚，在温暖季节露天开放，寒季在露天一面用竹片、钢筋等材料做支架，上覆单层或双层塑料，两层膜间留有间隙，使舍内呈封闭状态，借助太阳能和羊体自身散发热量，使羊舍温度升高，防止热量散失。

（3）封闭羊舍　封闭羊舍四面有墙和窗户，顶棚全部覆盖。分单列封闭舍和双列封闭舍。单列封闭羊舍只有一排羊床，舍宽6米、高2.6~2.8米，舍顶可修成平顶也可修成起脊形顶。这种羊舍跨度小、易建造、通风好，但散热面积相对较大。单列封闭羊舍适用于小型肉羊场。双列封闭羊舍舍内设有两排羊床，中央为通道，舍宽12米，高2.7~2.9米，脊形棚顶。双列式封闭羊舍适用于规模较大的肉羊场，以每栋舍饲养 200~300 只肉羊为宜。

5. 生态养羊需要运动场吗？

羊是反刍动物，适当的活动可以增强自身免疫力，增强体质，减少疾病的发生，所以，圈养育肥羊留有运动场地是非常必要的。

运动场面积一般为羊舍面积的 2~3 倍，每只育肥羊不能低于 3 米^2，具体也要根据品种，比如波尔山羊和小尾寒羊，波尔山羊体型较小，需要的面积就小一些，小尾寒羊体型大，需要的面积就大一些。采用沙土或者砖地面，有一定的坡度，以便防水和排水，保持干燥。

6. 如何建造饲料加工房与贮草棚（房）？

羊场无论大小都要有建筑面积不同的饲料加工房和贮草棚（房）。

（1）饲料加工房与饲料库　一般把饲料加工房与饲料库合建为一栋房，建设形式为封闭式或半敞开式，要求地面及墙壁平整，房内（库内）通风良好，干燥，清洁，四周应设排水沟。饲料加工房与饲料库的建筑面积根据羊场规模来定，一般要求在 50~100 米^2，规模较大的羊场为 100~200 米^2。

（2）贮草棚（房）　羊场应建有贮草棚（房），用于贮备青干草或农作物秸秆。贮草棚（房）的地面应高出外面地面一定高度，有条件的羊场离羊舍50~100 米的适当位置，可建成半开放式的双坡式或半圆式贮草棚，面积在100~200 米^2，高度在 3~5 米。四周的墙敞开或用砖砌墙，屋顶用石棉瓦覆盖即可，这样的贮草棚（房）防雨防潮的效果更好。贮草棚（房）内的青干草或秸秆下面最好能用木架等物垫起，草堆与地面之间应有通风孔，这样可防止饲草霉变。

7. 如何建造青贮设施？

青贮设施的种类有很多，主要有青贮窖、塔、池、袋、箱、壕及平地的青贮。青贮设施可采用土窖、砖砌、钢筋混凝土，也可用塑料制品、木制品或钢

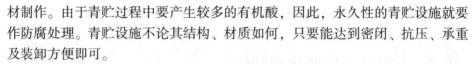

材制作。由于青贮过程中要产生较多的有机酸，因此，永久性的青贮设施就要作防腐处理。青贮设施不论其结构、材质如何，只要能达到密闭、抗压、承重及装卸方便即可。

（1）地下式青贮设施　青贮窖和壕等全部位于地下，其深度应按地下水位的高低来决定，一般不超过3米为宜，窖壕过深，取用不便，过浅则装料太少，不利于借助原料自身的重力压实，容易发生霉变等。地下式青贮设施适用于地下水位低和土质坚实的地区，窖壕的底面与地下水位至少要保持0.5米的距离，以免底部出水。一般青贮窖深2.5~3米，侧壁可以呈现坡形，外有排水沟或安装排水管。修建青贮改良窖，可以距饲养棚较近处，选择地势高、地下水位低的空地，挖宽、深各1米的长方形窖，其长度可根据青贮数量的多少来决定（一般1米³窖可以青贮玉米秸450~500千克，甘薯秧等700~750千克），把长宽交接处切成弧形，底面及四周加一层无毒的聚乙烯塑料膜。薄膜用量计算：（窖长+1.5米）×2。

装料时高于地面20~30厘米，仔细用塑料薄膜将料顶部裹好，上面用粗质草或秸秆盖上再加30厘米厚的泥土封严，窖的四周挖好排水沟。

（2）半地下式的青贮设施　青贮窖壕的部分位于地下，一部分又位于地上。若地下部分较浅，可利用挖出的湿黏土或用土坯、砖、石等材料向上垒砌1~1.7米高的壁。在砌成的壁上所有的孔隙都应用灰泥严密涂封，外面要用土培好。用黏土堆砌的窖壕壁厚度一般不应小于0.7米，以免漏气。这种临时性的半地下式设备比较省工、经济，如制成永久性的设施，可在壁的表面抹上水泥。

（3）地上式的青贮设施　地上式青贮设施如青贮塔，适用于在地势低洼、地下水位较高的地方采用。塔的高度应根据条件而定，如有自动装料的青贮切碎机，可以建高达7~10米，甚至更高的青贮塔。德国的青贮塔有的直径达8~15米，高12~14米，用木板连接而成，装填青贮料要使用吹送机。一般青贮塔建在距离畜舍较近处，并在朝畜舍方向的塔壁，由下而上每隔1~1.5米的地方留一个窗口，便于取料。塔壁必须坚固不透气，可用钢筋加固，在用三合土和黏黄土堆砌时，塔壁的厚度不应小于0.7米。

国外多采用钢制的圆筒立式青贮塔，一般附有抽真空设备，此种结构密闭性能好，厌氧条件理想。用这种密闭式青贮塔调制低水分青贮料，其干物质的损失仅为5%，是当前世界上保存青贮饲料最好的一种设施，国外已有定型的产品出售。

另外一种是饲料青贮分格池，这种分格池贮料取料方便，可以避免因多次取料不慎造成的变质和浪费，特别适宜青贮料用量不大的农户。青贮分格池可以建在厨房或房前屋后的墙边，池的一边靠墙，其余三边用砖头或石块砌成，并用水泥或石灰抹光。口面为 0.5 米² 左右的长方形或正方形，深 1.5~2 米。农户可以根据自己的需要和地势的宽窄，建若干个这样的小池连在一起，看起来就象一个大长方形池分成若干个格子，所以叫青贮分格池。每格可以装填青贮料 500~1 000 千克，贮料时不等料，装满一格封存一格；用料时，用完一格再开一格，格与格互不影响，适合农家养殖户制作青贮饲料。

青贮设施虽有各种各样的，但是都必须具备以下的基本条件。

①不透空气。青贮窖（壕、塔）壁最好是用石灰、水泥等防水材料填充、涂抹，如能在壁裱衬一层塑料薄膜更好。

②不透水。青贮设施不要靠近水塘、粪池，以免污染水渗入。地下式或半地下式青贮设施的底面要高出历年最高地下水位以上 0.5 米，且四周要挖排水沟。

③内壁要平直。内壁要求平滑垂直，墙壁的角要圆滑，以利于青贮饲料的下沉和压实。

④要有一定的深度。青贮设施的宽度或直径一般应小于深度，宽深比为1：（1.5~2）为好，便于青贮饲料能借助自身的重量压实。

⑤防冻。地上式的青贮塔，在寒冷地区要有防冻设施，防止青贮饲料冻结。

青贮设施的贮藏量，可以套用下列公式估算：

圆形窖（塔）贮藏量（长度单位为米，重量单位为千克）=（R² 内半径的平方）×3.14×高度×青贮饲料单位体积重量

长方形窖塔的贮藏量（长度单位为米，重量单位为千克）= 长×宽×高×青贮饲料单位体积重量（表2-1）

表2-1　单位体积青贮饲料的重量估算数

青贮原料种类	每立方米青贮饲料的重量（千克）
青贮全玉米秸秆、向日葵秸秆	500~550
青贮玉米秸（切碎，以下同）	450~500
甘薯秧	700~750
萝卜缨，芜菁叶	600
叶菜类	800
牧草，野草类	600

（4）青贮袋 近年来，我国大力推广袋装调制青贮饲料。此袋为一种特制的塑料大袋，袋长可达 36 米，直径 2.7 米，塑料薄膜用两层帘子线增加强度，非常结实。目前，德国用一种厚 0.2 毫米，直径 24 米的聚乙烯塑料薄膜圆筒袋青贮。这种塑料袋长 60 米，可根据需要剪裁。袋式青贮损失少，成本低，适应性强，可推广利用。

8. 羊场是否应挖水井？

如果羊场无自来水，应挖掘水井，最好是深水井。水井应离羊舍 100 米以上。为保护水源不受污染，水井应设在羊场污染源的上坡上风方向，井口应高出地平面，并加盖，井口周围修建井台和围栏。

9. 羊场的饮水设备有哪些？

水是生命之源，对于羊而言也是如此。充足饮水能使羊保持良好的食欲，有助于草料消化吸收。羊一般每天饮水 3~5 升，饮水量因环境温度和采食饲料的种类不同而有较大差异。羊场可根据实际情况配备多种饮水设备，满足不同羊场的饮水设计，保证羊夏季充足的饮水和冬季温水的供应，给羊提供足够的、新鲜的、干净的饮水，保障羊健康生长。

一般羊场，可用水桶、水缸、水槽，大型集约化羊场可用自动饮水器，如羊用不锈钢或塑料饮水碗，羊嘴触碰出水，不触碰不出水，不伤羊嘴，便于清洁，节省用水，还能保持羊舍清洁干燥；多功能保温式饮水槽为单体高强度塑料保温饮水槽，具有出色的防冻保温性能，使羊一年四季随时能饮用到清洁而温度适宜的水，特别在冬季可彻底解决水温过低导致的羊饮水不足、日增重大幅下降、容易染病等问题。

10. 如何选择 TMR 饲料搅拌机？

在 TMR 饲养技术中能否对全部日粮进行彻底混合是非常关键的，因此，羊场应具备能够进行彻底混合的饲料搅拌设备，保证日粮成分混合均匀。

（1）全混合日粮（TMR）搅拌机容积的选择　选择时应考虑的因素，一是根据羊场的建筑结构、喂料道的宽窄、羊舍高度和羊舍入口等来确定合适的TMR搅拌机容量；根据羊群大小、羊干物质采食量、日粮种类（容重）、每天的饲喂次数以及混合机充满度等选择混合机的容积大小。

（2）全混合日粮（TMR）搅拌机机型的选择　TMR搅拌机分立式和卧式混合机。立式与卧式相比优势明显：草捆和长草无须另外加工；混合均匀度高，能保证足够的长纤维刺激瘤胃反刍和唾液分泌；搅拌罐内无剩料，卧式剩料难清除，影响下次饲喂效果；机器维修方便，只需每年更换刀片；使用寿命较长。

 ## 11. 为什么要设置分羊栏？

分羊栏供羊分群、鉴定、防疫、驱虫、测重、打号等生产技术性活动中使用。分羊栏由许多栅板连结而成。在羊群的入口处成为喇叭形，中部为一小通道，可允许羊只单行前进。沿通道一侧或两侧，可根据需要设置3~4个可以向两边开门的小圈。利用这一设备，就可以把羊群分成所需的若干小群。

 ## 12. 如何设置栏杆与颈枷？

羊舍内的栏杆，材料可用木料，也可用钢筋，形状多样，公羊栏杆高1.2~1.3米，母羊1.1~1.2米，羔羊1.0米，靠饲槽部分的栏杆，每隔30~50厘米的距离，要留一个羊头能伸出去的空隙，该空隙上宽下窄，母羊上部宽为15厘米，下部宽为10厘米，公羊为19厘米与14厘米，羔羊为12厘米与7厘米。

羊颈枷通常设在羊栏和食槽之间，可在羊伸头采食时灵活开合，从而方便固定羊，保证羊的采食量，并且便于兽医或配种员对羊进行常规体检、防疫、去角、治疗、配种等生产活动，确保工作人员和羊只安全，降低劳动强度，提高工作效率。

自锁式羊颈枷主体支架结实稳固，动杆摆动灵活，锁定装置操作方便，整套羊颈枷为全组装式，结构合理，坚固耐用；锁定状态可以全部锁住羊，开启状态实现羊只的全部或单只释放；特别设计了护板，防止羊把开关顶起，夹不住羊，预防生产管理上的不便和潜在危险。

13. 活动围栏有什么用途？

活动围栏可供随时分隔羊群之用。在产羔时，也可以用活动围栏临时圈成母子小圈、中圈等。通常有重叠围栏、折叠围栏和铁管钢筋棍制作等几种类型。

14. 药浴设备有哪些？

（1）大型药浴池　大型药浴池可供大中型肉羊场或肉羊较集中的乡村药浴使用，一般小型肉羊场不建议使用。这种药浴池用水泥、砖、石等材料砌成为长方形，似狭长而深的水沟。长 10~12 米，池顶宽 60~80 厘米，池底宽40~60 厘米，以羊能通过不能转身为准，深 1.0~1.2 米。入口处设漏斗形围栏，使羊依顺序进入药浴池。浴池入口呈陡坡，羊走入时可迅速滑入池中，出口有一定倾斜坡度，斜坡上有小台阶或横木条，其作用一是不使羊滑倒；二是羊在斜坡上停留一些时间，使身上残存的药液流回药浴池。也有的分成浅水淋浴和深水洗浴 2 段。

（2）小型药浴槽、浴桶、浴缸　小型浴槽液量约为 1 400 升，可同时将 2 只成年羊（小羊 3~4 只）一起药浴，并可用门的开关来调节入浴时间。这种类型适宜小型羊场使用。

（3）帆布药浴池　用防水性能良好的帆布加工制作而成，呈直角梯形，上边长 3.0 米、下边长 2.0 米，深 1.2 米、宽 0.7 米，外侧固定套环。安装前按浴池的大小形状挖一土坑，然后放入帆布药浴池，四边的套环用铁钉固定，加入药液即可进行工作。用后洗净，晒干，以后再用。这种设备，体积小、轻便，可以反复使用。

15. 如何配备饲槽和盐槽？

（1）饲槽　饲槽可用砖和水泥砌成，也可用木料或钢筋制成。饲槽一面设有栏杆，以防羊只跳出圈外。成年羊的饲槽高 40 厘米，深 15 厘米，上部宽 45 厘米，下部宽 35 厘米。羔羊饲槽高 30 厘米，深 15 厘米，上部宽 40 厘米，下部宽 30 厘米。靠羊圈一侧饲槽部分设限位栏，栏宽 25～35 厘米，使羊只能够自由进出采食为宜。为了减少饲料饲草的污染和浪费，可采用干草架和精料槽，使羊只能从 20 厘米宽的缝隙中采食精料。草料架形式多种多样。有专供喂粗料用的草架，有供喂粗料和精料的两用联合草料架，有专供喂精料用的饲槽。添设草料架总的要求是不使羊只采食时相互干扰，不使羊脚踏入草料架内，不使架内草料落在羊身上影响到羊毛质量。

（2）盐槽 给羊群供给盐和其他矿物质时，如果不在室内或混在饲料中饲喂，容易被雨淋潮化，造成浪费。为防止这种现象的发生，可设一有顶盐槽，任羊随时舐食。

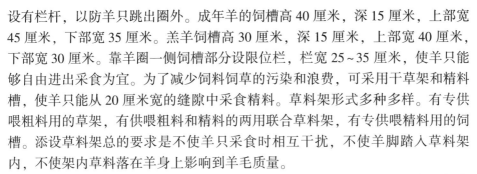

16. 羊场常用物理消毒设备有哪些？

养羊场物理消毒主要有紫外线照射、机械清扫、洗刷、通风换气、干燥、煮沸、蒸汽、火焰焚烧等。依照消毒的对象、环境等，需要配备相应的消毒设备。

（1）紫外线灯 紫外线是一种低能量电磁波，具有较好的杀菌作用。紫外线消毒仅需几秒钟即可对细菌、病毒、真菌、芽孢、衣原体等达到灭活效果，而且运行操作简便，基建投资及运行费用低，因此，被广泛应用于畜禽养殖场消毒。

紫外线灯灯管表面应经常（一般 2 周 1 次）用酒精棉球轻轻擦拭，除去上面的灰尘和油垢，减少对紫外线穿透力的影响；紫外线肉眼看不见，有条件的场应定期测量灯管的输出强度，没有条件的可逐日记录使用时间，以判断是否达到使用期限；消毒时，房间内应保持清洁、干燥，空气中不应有灰尘和水雾，温度保持在 20℃以上，相对湿度不宜超过 60%；紫外线不能穿透的表面（如纸、布等），只有直接照射的一面才能达到消毒目的，因而要按时翻动，使各面都能受到有效照射；人员进场需要进行紫外线消毒时，消毒时间不能过长，以每次消毒 5 分钟为宜；不能让紫外线直接长期照射人的体表和眼睛。

（2）机械清扫、冲洗设备 机械清扫、冲洗设备主要是高压清洗机，是通过动力装置使高压柱塞泵产生高压水来冲洗物体表面的机器。它能将污垢剥离，冲走，达到清洗物体表面的目的。因为是使用高压水柱清理污垢，所以高

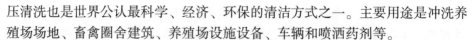

压清洗也是世界公认最科学、经济、环保的清洁方式之一。主要用途是冲洗养殖场场地、畜禽圈舍建筑、养殖场设施设备、车辆和喷洒药剂等。

高压清洗机可分为冷水高压清洗机、热水高压清洗机。两者最大的区别在于，热水清洗机加了一个加热装置，利用燃烧缸把水加热。

①分类。按驱动引擎来分，电机驱动高压清洗机、汽油机驱动高压清洗机和柴油驱动清洗机三大类。顾名思义，这3种清洗机都配有高压泵，不同的是它们分别采用与电机、汽油机或柴油机相连，由此驱动高压泵运作。汽油机驱动高压清洗机和柴油驱动清洗机的优势在于他们不需要电源就可以在野外作业。

②产品原理。水的冲击力大于污垢与物体表面附着力，高压水就会将污垢剥离，冲走，达到清洗物体表面的一种清洗设备。因为是使用高压水柱清理污垢，除非是很顽固的油渍才需要加入一点清洁剂，不然强力水压所产生的泡沫就足以将一般污垢带走。

（3）干热灭菌设备　干热灭菌法是热力消毒和灭菌常用的方法之一，它包括焚烧、烧灼和热空气法。

焚烧用于传染病畜禽尸体、病畜垫草、病料以及污染的杂草、地面等的灭菌，可直接点燃或在炉内焚烧；烧灼是直接用火焰进行灭菌，适用于微生物实验室的接种针、接种环、试管口、玻璃片等耐热器材的灭菌；热空气法是利用干热空气进行灭菌，主要用于各种耐热玻璃器皿，如试管、吸管、烧瓶及培养皿等实验器材的灭菌。这种灭菌法是在一种特制的电热干燥器内进行的。由于干热的穿透力低，箱内温度上升到160℃后，保持2小时才可保证杀死所有的细菌及其芽孢。

① 干热灭菌器。干热灭菌器也就是烤箱，是由双层铁板制成的方形金属箱，外壁内层装有隔热的石棉板。箱底下放置大型火炉，或在箱壁中装置电热线圈。内壁上有数个孔，供流通空气用。箱前有铁门及玻璃门，箱内有金属箱板架数层。电热烤箱的前下方装有温度调节器，可以保持所需的温度。

将培养皿、吸管、试管等玻璃器材包装后放入箱内，闭门加热。当温度上升至160~170℃时，保持温度2小时，到达时间后，停止加热，待温度自然下降至40℃以下，方可开门取物，否则冷空气突然进入，易引起玻璃炸裂；且热空气外溢，往往会灼伤取物者的皮肤。一般吸管、试管、培养皿、凡士林、液体石蜡等均可用本法灭菌。

② 火焰灭菌设备。火焰灭菌法是指用火焰直接烧灼的灭菌方法。该方法灭菌迅速、可靠、简便，适合于耐火焰材料（如金属、玻璃及瓷器等）物品

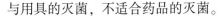

与用具的灭菌，不适合药品的灭菌。

所用的设备包括火焰专用型和喷雾火焰兼用型2种。专用型特点是使用轻便，适用于大型机种无法操作的地方；便于携带，适用于室内外和小、中型面积处，方便快捷；操作容易，打气、按电门即可发动，按气门钮即可停止；全部采用不锈钢材料，机件坚固耐用。兼用型除上述特点外，还具有以下特点：一是节省药剂，可根据被使用的场所和目的不同，用旋转式药剂开关来调节药量；二是节省人工费，用1台烟雾消毒器能达到10台手压式喷雾器的作业效率；三是消毒彻底，消毒器喷出的直径5~30微米的小粒子形成雾状浸透在每个角落，可达到最大的消毒效果。

（4）湿热灭菌设备　湿热灭菌法是热力消毒和灭菌的一种常用方法。包括煮沸消毒法、流通蒸汽消毒法和高压蒸汽灭菌法。

① 消毒锅。消毒锅用于煮沸消毒，适用于一般器械如刀剪、注射器等金属和玻璃制品及棉织品等的消毒。这种方法简单、实用、杀菌能力比较强，效果可靠，是最古老的消毒方法之一。消毒锅一般使用金属容器，煮沸消毒时要求水沸腾后5~15分钟，一般水温能达到100℃，细菌繁殖体、真菌、病毒等可立即死亡。而细菌芽孢需要的时间比较长，需15~30分钟，有的需几个小时才能杀灭。

煮沸消毒时，应注意以下几个问题。

煮沸消毒前，应将物品洗净。易损坏的物品用纱布包好再放入水中，以免沸腾时互相碰撞。不透水物品应垂直放置，以利水的对流。水面应高于物品。消毒器应加盖。

消毒时，应自水沸腾后开始计算时间，一般需15~20分钟（各种器械煮沸消毒时间见表2-2）。对注射器或手术器械灭菌时，应煮沸30~40分钟。加入2%碳酸钠，可防锈，并可提高沸点（水中加入1%碳酸钠，沸点可达105℃），加速微生物死亡。

表2-2　各种器械煮沸消毒参考时间

消毒对象	消毒参考时间（分钟）
玻璃类器材	20~30
橡胶类及电木类器材	5~10
金属类及搪瓷类器材	5~15
接触过传染病料的器材	>30

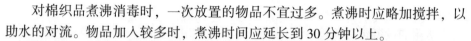

对棉织品煮沸消毒时，一次放置的物品不宜过多。煮沸时应略加搅拌，以助水的对流。物品加入较多时，煮沸时间应延长到30分钟以上。

消毒时，物品间勿贮留气泡；勿放入能增加黏稠度的物质。消毒过程中，水应保持连续煮沸，中途不得加入新的污染物品，否则，消毒时间应从水再次沸腾后重新计算。

消毒时，物品因无外包装，事后取出和放置时慎防再污染。对已灭菌的无包装医疗器材，取用和保存时应严格按无菌操作要求进行。

② 高压蒸汽灭菌器。高压蒸汽灭菌器是一个双层的金属圆筒，2层之间盛水，外层坚固厚实，其上方有金属厚盖，盖旁附有螺旋，借以紧闭盖门，使蒸汽不能外溢，因而蒸汽压力升高，随着其温度亦相应地增高。

高压蒸汽灭菌器上装有排气阀门、安全活塞，以调节蒸汽压力。有温度计及压力表，以表示内部的温度和压力。灭菌器内装有带孔的金属搁板，用以放置要灭菌物体。

使用时，加水至外筒内，被灭菌物品放入内筒。盖上灭菌器盖，拧紧螺旋使之密闭。灭菌器下用煤气或电炉等加热，同时打开排气阀门，排净其中冷空气，否则，压力表上所示压力并非全部是蒸汽压力，灭菌将不完全。

待冷空气全部排出后（即水蒸气从排气阀中连续排出时），关闭排气阀。继续加热，待压力表渐渐升至所需压力时（一般是101.53千帕，即15磅/英寸^2，温度为121.3℃），调节炉火，保持压力和温度（注意压力不要过大，以免发生意外），维持15~30分钟。灭菌时间到达后，停止加热，待压力降至零时，慢慢打开排气阀，排出余气，开盖取物。切不可在压力尚未降低为零时突然打开排气阀门，以免灭菌器中液体喷出。

高压蒸汽灭菌法为湿热灭菌法，其优点有三：一是湿热灭菌时菌体蛋白容易变性，二是湿热穿透力强，三是蒸汽变成水时可放出大量热增强杀菌效果，因此，它是效果最好的灭菌方法。凡耐高温和潮湿的物品，如培养基、生理盐水、衣服、纱布、棉花、敷料、玻璃器材、传染性污物等都可应用此法灭菌。

目前，便携式全自动电热高压蒸汽灭菌器，操作简单，使用安全。

③ 流通蒸汽灭菌器。流通蒸汽消毒设备的种类很多，比较理想的是流通蒸汽灭菌器。

流通蒸汽灭菌器由蒸汽发生器、蒸汽回流、消毒室和支架等构成。蒸汽由底部进入消毒室，经回流罩再返回到蒸汽发生器内，这种蒸汽消耗少，只需维持较小火力即可。

流通蒸汽消毒时，消毒时间应从水沸腾后有蒸汽冒出时算起，消毒时间同

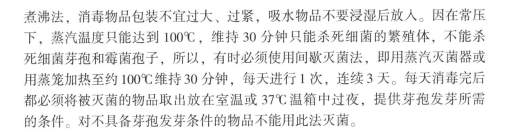

煮沸法，消毒物品包装不宜过大、过紧，吸水物品不要浸湿后放入。因在常压下，蒸汽温度只能达到100℃，维持30分钟只能杀死细菌的繁殖体，不能杀死细菌芽孢和霉菌孢子，所以，有时必须使用间歇灭菌法，即用蒸汽灭菌器或用蒸笼加热至约100℃维持30分钟，每天进行1次，连续3天。每天消毒完后都必须将被灭菌的物品取出放在室温或37℃温箱中过夜，提供芽孢发芽所需的条件。对不具备芽孢发芽条件的物品不能用此法灭菌。

17. 羊场常用化学消毒设备有哪些？

　　化学消毒时常用的是喷雾器。喷雾器有背负式喷雾器和机动喷雾器。背负式喷雾器又有压杆式喷雾器和充电式喷雾器，使用于小面积环境消毒和带羊消毒。机动喷雾器按其所使用的动力来划分，主要有电动（交流电或直流电）和气动2种，每种又有不同的型号，适用于羊舍外环境和空舍消毒，在实际应用时要根据具体情况选择合适的喷雾器。

　　使用喷雾器要注意：固体消毒剂有残渣或溶化不全时，容易堵塞喷嘴，因此不能直接在喷雾器的容器内配制消毒剂，而是在其他容器内配制好了以后经喷雾器的过滤网装入喷雾器的容器内。压杆式喷雾器容器内药液不能装得太满，否则不易打气。配制消毒剂的水温不宜太高，否则，易使喷雾器的塑料桶身变形，而且喷雾时不顺畅。使用完毕，将剩余药液倒出，用清水冲洗干净，倒置，打开一些零部件，等晾干后再装起来。

第三章　选择优质抗病羊品种和个体

1. 绵羊品种是怎么分类的？

绵羊品种一般有 2 种分类方式，即按动物学分类和按经济生产性能分类。

（1）按动物学分类　主要根据绵羊的尾型特征，即尾部沉积的脂肪多少及尾的大小长短，将绵羊品种分为 5 类。

① 短瘦尾羊。尾长不超过飞节，尾部不贮积大量脂肪，外观细小，像山羊尾，如西藏羊、罗曼诺夫羊等。

② 短脂尾羊。尾长也不超过飞节，但尾部沉积大量脂肪，外观呈不规则圆形，如蒙古羊，包括农区本地羊、小尾寒羊等。多数粗毛羊均属短脂尾羊。

③ 长瘦尾羊。尾长超过飞节，尾部不沉积大量脂肪，外观瘦长，如新疆细毛羊、内蒙古细毛羊和半细毛羊等。多数细毛羊和半细毛羊品种均属长瘦尾羊。

④ 长脂尾羊。尾长超过飞节，尾部沉积大量脂肪，外观肥大而长，如大尾寒羊、同羊、滩羊等。

⑤ 肥臀羊。脂尾分成两瓣，附于臀部，并贮积大量脂肪，故称肥臀羊。如哈萨克羊、吉萨尔羊等。

这种分类方式由于受自然条件和饲养管理条件的影响很大，也不表明其生产方向和用途，所以在生产实践中实用价值不大，但可作为杂交改良程度的参考标准。

（2）按生产性能分类

① 细毛羊。细毛羊品种生产同质细毛，羊毛细度在 60 支以上，根据生产毛、肉产品的重点不同又可分为 3 类。

毛用细毛羊：以生产细毛为主，每千克体重可产净毛 50 克以上。屠宰率低，在 45% 以下，外观体格略小，皮薄而松，全身有皱褶，颈部有 1~3 个明显的横皱褶。头、肢和腹毛着生良好。一般公羊有角，母羊无角，如苏联美利奴羊、斯达夫洛波羊、弱型澳洲美利奴羊等。

毛肉兼用细毛羊：以产毛为主，产肉为辅，每千克体重净毛 40~50 克，屠宰率 48%~50%，除有较高产毛性能外，还有良好的产肉性能。外观体大，颈部有 1~3 个完全或不完全的（横）皱褶，公羊有角，母羊无角。如新疆细毛羊、山西细毛羊、甘肃细毛羊等。

肉毛兼用细毛羊：以产肉为主，产毛为辅。主要有较高产肉性能，也有良好的产毛性能，每千克体重净毛 30~40 克，屠宰率 50% 以上。外观体大而非常丰满，全身无皱褶，颈部短粗，体躯宽深，臀部发达，整体形似圆桶状。公、母羊均无角。如德国美利奴羊、泊力考斯羊等，该类羊育肥性能特别好。

② 半细毛羊。生产 58 支以下的同质半细毛，又分为毛肉兼用半细毛羊：以产毛为主，产肉为辅。外观全身无皱褶，体躯宽深，呈长圆桶状，公羊有角，母羊无角，如茨盖羊等。

肉毛兼用半细毛羊：以产肉为主，产毛为辅，全身无皱褶，毛较长，体躯宽深呈长圆桶状，公母羊一般均无角，如罗姆尼、夏洛来羊等。

③ 粗毛羊（地毯毛）。品种多数为原始性地方品种。如我国的三大粗毛羊类型：蒙古羊、西藏羊和哈萨克羊以及和田羊等，山西本地粗毛羊也属蒙古羊系统。

④ 羔、裘皮羊品种。羔皮羊生产具有独特美观图案的羔皮，如三北羊、湖羊等。裘皮羊品种的被毛是异质毛，主要生产裘皮，如我国的滩羊、贵德黑裘皮羊、岷县黑裘皮羊等。

⑤ 地方优良肉脂羊品种。大尾寒羊、小尾寒羊、同羊属于这类综合性生产用途的羊，还有乌珠穆沁羊、兰州大尾羊、阿勒泰羊、广灵大尾羊等也属于这类羊。

2. 山羊品种如何分类？

（1）乳用山羊　乳用山羊体躯多呈楔状，轮廓显明、细致、紧凑，毛短而稀，均为发毛，很少绒毛。公母羊多数无角，母羊乳房发达。特点是繁殖率高，一般达 150%~200%，每只平均日产奶 3~5 千克。其不宜作种用的公羔和老残淘汰羊均有较大的肉用价值，也可作杂交组合的材料。著名品种为原产瑞士的萨能乳山羊，目前，已为我国各地驯化，陕西武功、富平，河南灵宝，山西洪洞、太谷等有较多奶山羊产地。

（2）肉用山羊　波尔山羊、南江黄羊、马头山羊等。

（3）裘、羔皮山羊　著名裘皮山羊品种有中卫山羊，产于宁夏中卫、同心和甘肃靖远等县。其特点是：耐粗放饲养管理，羔羊体重4~8千克时屠宰，裘皮品质好，类似滩羊二毛皮。著名羔皮山羊品种有济宁青山羊，原产山东济宁、菏泽等地，其主要特点是多胎多产，繁殖率高，成年羊平均体重20~25千克，繁殖率227.5%。适合农区小群放牧或舍饲，各地推广效果一般。

（4）毛绒山羊　著名的毛用山羊为安哥拉山羊，原产土耳其。目前南非、美国等都有大量饲养，品质也有提高，每只平均产毛1.5~2.5千克。我国山西、陕西、内蒙古等地已有引进，与本地山羊杂交后代，毛肉产量和品质都有显著提高。著名的绒用山羊有辽宁白绒山羊，河西白绒山羊和内蒙古白绒山羊等。平均每只产绒为300~600克。与本地山羊杂交后代，绒、肉产量和品质都有显著提高。

（5）普通山羊（兼用山羊）　据1989年《中国羊品种志》收集列入的普通山羊品种共有15个，共3 000多万只。例如：太行黑山羊、陕西白山羊、新疆山羊、西藏山羊、子午岭山羊等。这些山羊数量大、分布广，是生产肉、皮和杂交材料的巨大资源，应大力开发利用。

 3. 一般地认为，哪些品种羊抗病力比较强？

养羊，选对品种很关键，对于一些养殖户而言，抗病能力强是非常重要的，因为这意味着能在防疫抗病等方面省下不少的成本，而且抗病能力强的羊种也更易成活，养殖更易获得高产，收益较高。

（1）小尾寒羊　小尾寒羊是我国黄河流域特有的优良肉羊品种。小尾寒羊具有生长速度快、繁殖快等特点。而且抗病性强，适应性强，它全身都是宝，皮毛肉都有商业价值，养殖前景十分广阔。

（2）波尔山羊　原产于南非，被称为世界"肉用山羊之王"，具有体型大、生长快、繁殖力强、产羔多、屠宰率高、产肉多等特点。而且肉质细嫩、适口性好、耐粗饲、适应性强、抗病力强和遗传性稳定。

（3）努比亚黑山羊　努比亚黑山羊属肉乳兼用型品种，它具有体型高大、生长发育较快、产肉性能良好、繁殖力高、适应性强、抗病能力强等优点。现在市场价格较高，肉质较好，养殖前景非常好。

（4）内蒙古细毛羊　内蒙古毛肉兼用细毛羊，也称内蒙古细毛羊，毛用绵羊品种属性。体质结实，结构匀称，体躯皮肤宽松无褶。其耐粗饲，抗寒耐热、抗灾、抗病能力强。

（5）辽宁绒山羊　辽宁绒山羊原产地盖州市（盖县），故又称盖州绒山羊，属绒肉兼用型品种。具有产绒量高，绒纤维长，粗细度适中，体形壮大，适应性强，抗病力强，遗传性能稳定等特点。

（6）苏尼特羊　苏尼特羊是蒙古绵羊系统中的一类群，放牧条件下，具有耐寒、抗旱、生长发育快、生命力强、抗病力强等特点。是最能适应荒漠半荒漠草原的一个肉用地方良种。

（7）萨福克羊　萨福克羊原产于英国，是绵羊中体格、体重较大的肉毛兼用绵羊品种，常用于与其他绵羊品种杂交。由于其具有早熟、生长快、肉质好、繁殖率高、适应性强、抗病性强等特点，现广布于世界各地。

抗病能力强的羊种还有很多，它们基本能适应各种不同的环境，品种性能优良，其中不少品种都是我国重点资源发展的对象。

4. 规模化生态养羊如何选择既抗病又高产的品种？

羊的种类和品种较多，不同品种有不同的特点、不同的适应性和不同的生产能力，因此，饲养时需要选择相对适宜的品种来获取最大经济效益。羊品种的选择，应根据市场情况及饲养者本身的需要、生产性能和本地的环境气候、草料结构等多重因素综合考虑。

（1）市场需要　羊的品种繁多，用途亦不同，有细毛、半细毛、毛肉兼用、羔皮用、裘皮用绵羊品种，有肉皮兼用、肉毛兼用、绒用、毛用山羊品种。选择合适的羊种，要根据国际、国内市场需求和发展趋势，尤其要根据当地市场、销路、能否批量销售来选择。近年来，羊肉、板皮、裘皮形势看好，各地可大力组织发展肉皮兼用、肉裘兼用品种。

（2）生产性能　发展肉羊生产，主要考虑生长发育速度、繁殖力、产肉量3项指标；发展皮肉兼用型羊的生产，主要考虑皮的品质、皮的面积、繁殖率、肉的产量、生长发育5项指标；发展羊奶生产，主要考虑产奶量、生长发育2项指标；发展羊毛生产，主要考虑产毛重、净毛率、生长发育3项指标。

（3）适应能力　羊的品种是在其自然环境条件下，经过人工选育和自然淘汰而逐步形成的。品种独特的生物学特征与自然环境条件相一致（表现为适应能力），改变其环境条件，往往会降低生产能力或发生变异，甚至退化。所以，适应能力直接影响到生产潜力的发挥，要选择适合本地区环境条件的优良品种。品种优良的特性是饲养者所需要的，但因环境、气候、草料与引进地悬殊，优良品种羊的引进饲养将很难表现出与引进地一致的优越性。如小尾寒羊个头大，生长也较快，但不适宜南方饲养。因此，养殖户在引种时一定要先咨询当地养羊基地的专家，问明白哪些品种适合当地饲养，哪些品种不适合在当地饲养。

（4）选择杂交良种羊　目前，养羊生产的规模化养殖场多从国外引进优良品种与本地羊进行杂交，改良当地肉羊品种，使肉用性能明显提高。实践证明，杂交是提高肉羊生产性能快速、有效的方法。杂交常采用二元杂交和三元杂交。

5. 养羊为什么要引种？原则是什么？

（1）引种目的　为了改变当地羊的生产方向，提高当地羊的生产水平，规模化生态养羊需要从外地引种。

当地原有羊的品种生产方向不能适应社会和市场变化要求，通过本品种选育无法实现时，必须引进外来品种，改变原有品种的生产方向。如我国大量引进波尔山羊、无角道赛特羊等肉羊品种，与地方品种进行级进杂交，改变其生产方向。通过引进优良高产品种，可以提高当地养羊水平，生产更多优质产品，获得更好效益。

（2）引种原则

① 拟选择品种的生态适应性。每个羊品种都有其生态学特点，适应于不同的生态环境条件，特别是自然地理条件和自然气候条件。拟引入品种原产地的生态环境条件，应与拟引入地区的生态环境条件大体接近，这样才能较好地发挥出引入品种的生产潜力。

② 饲养管理方式。良种必须良养才能充分发挥良种本身的生产潜力。因此，引种时应深入了解引入种在产地的饲养管理方式，在当地应尽量给其创造相应的饲养管理条件。若要改变饲养管理方式，则应逐步进行，使羊有一个适应的过程，同时应详细核算由于饲养管理方式的改变给生产经营效益方面带来的影响。

③ 发展前景。应事先了解当地羊种资源的分布情况和畜牧业区划情况，

不能在当地羊品种的保种区内引入外来羊品种，同时，也应考虑在当地及其周围地区推广引入羊品种的市场大小。

④ 引种规模。先小规模引种，获得经验后，再大规模引种，逐步扩大，逐步发展。

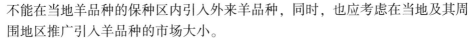 6. 选用什么方式引进种羊？

（1）购进种羊　直接购进种羊是常用的引种方式。其优点是可以了解种羊，直接使用，但运输、管理麻烦，风险和投资较大。

（2）引进冷冻精液　引进优质公羊的冷冻精液，进行人工授精。这是一种较好的引种方式，运输方便，风险小，投资少。缺点是冷冻精液的质量不好保证。

7. 引进优良羊品种，应注意哪些问题？

引进适合当地的优良羊品种，是关系养羊业的重要环节，一定要慎重，充分论证后再做出决定。同时，也要做好以下问题。

（1）生态环境适应性　到外面引种山羊，一定要考虑原产地的生态环境条件与引入地的生态环境条件要相一致或接近。寒冷区域养羊不要到炎热的南方引进不抗寒的羊，炎热的南方也不要到寒冷的北方去引进不耐热的羊。

（2）饲养管理方式　要充分发挥引进优良品种的生产性能，就要深入了解引入品种在原产地的饲养管理方式，引入地应尽可能地创造相似的饲养管理条件。如果要改变饲养管理方式，应逐步进行，让引进种羊有一个慢慢适应的过程。

（3）养羊引种规模　小规模引种试验成功后，通过示范，再继续扩大引种规模。

（4）挑选健壮的种羊　除符合种羊品种特征外，要挑选健壮的羊。一般好的种羊，身躯胸部发达，毛色光泽，精神较好，四肢粗壮，腹大胸深而又结实，眼睛明亮，采食良好，不浪费饲草饲料。

（5）必须严格引种检疫　到外地引种，引进优良品种的同时，也容易将疾病带进来，给羊养殖造成一定的危害。因此，严禁到发生疫病的疫区引种，引进的种羊必须健康，通过检验部门检疫合格并开具合格证明。种羊到达目的地后，要隔离观察45天以上，确认种羊健康无病后，才能与原来的种羊混合饲养。

（6）引种季节　引进种羊时间最好为春秋季节，此时引进种羊，气候温湿变化不大，有利于种羊适应环境，减少引种损失。

（7）引种年龄　引种2岁以下的青年羊较好，不宜引进年老多病的种羊。

（8）引种运输　在运输前，对运输车辆要进行消毒，到畜牧部门开具好检疫合格证明和消毒证明，方可运输和流通。在运输途中车速不能过快，过弯道要慢要稳。运输途中要经常检查羊群，定时给水、补料，发现异常及时处理，减少损失。

8. 引进种羊健康的标准是什么？

种羊健康的标准是：未发生口蹄疫、小反刍兽疫、布鲁氏菌病、炭疽、棘球蚴病、绵羊痘和山羊痘、山羊传染性胸膜肺炎；临床健康；对口蹄疫、小反刍兽疫、布鲁氏菌病进行监测，口蹄疫病原学监测结果为阴性，小反刍兽疫病原学监测结果表明无病毒感染，布鲁氏菌病血清学检测应为抗体阴性。

9. 为什么要强调引种检疫？

养羊场尽量不要从外地引种，尽量在本场内选择健康无病的良种公羊和母羊进行自繁自养，并做到全进全出，这样可以有效避免因引种带来传染病的风险，并可减少入场检疫的工作量。但如果因品种改良或生产规模扩大必须自外地引入羊只时，必须避开疫病区，并经过严格检疫，保证场地检疫证、运输检疫证、运载工具消毒证三证齐全，经过45天（最少30天）隔离饲养观察，确无传染病并经驱虫、消毒和疫苗免疫后方可混群饲养。

引进健康种羊是确保羊群健康，扩大养羊生产的需要。首先，要了解该羊场是否有畜牧部门签发的《种畜禽生产许可证》《种羊合格证》《系谱耳号登记》，以及确定引进品种。其次，重点做好检疫。检疫主要包括以下内容。

（1）引种地检疫　确定引进的羊只在离开引种地前进行检疫。当地动物防疫部门在接到报检后即派出兽医卫生检疫员抵达现场进行检疫，并开具引种

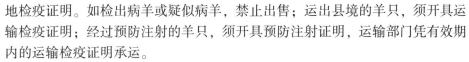

地检疫证明。如检出病羊或疑似病羊，禁止出售；运出县境的羊只，须开具运输检疫证明；经过预防注射的羊只，须开具预防注射证明，运输部门凭有效期内的运输检疫证明承运。

（2）运输检疫　需调运羊只的检疫，在运输过程中以验证、查物为主。对检出的病羊及时采取措施，防止疫情传播。

（3）抵达检疫　引进的羊只在隔离观察饲养过程中，要根据当地羊只传染病流行情况，定期或临时进行检疫。检出的病羊，特别是患有临床症状不明显的慢性、隐性病羊，应对其采取有效措施，以防传染其他健康羊只。

第四章 规模化生态养羊的防疫

1. 为什么要天天对羊舍进行清扫？

羊舍清扫是养羊最基本的日常工作，然而不少养羊户却胡乱应付敷衍了事，认为羊舍一天不清理没有问题，一天又一天，最终羊舍粪污堆积如山，臭气熏天，羊群生活在这种环境中如何不生病？

羊舍清扫可以说不存在任何的技术含量，只需要养羊户勤快一点、细心一点就可以做好。羊舍内及运动场上的粪污应及时清扫干净，每天应至少清扫1次才可以，清扫时角角落落都要清扫干净，不要留有死角。羊舍安装漏粪板的情况下，最好安装电动刮粪板，每天或2~3天刮1次粪，未安装电动刮粪板的情况下，夏秋季节每隔10~15天掀起漏粪板清扫1次，冬春季节每隔20~30天掀起漏粪板清扫1次。清扫出来的粪污不可在羊场周围随意堆放，应拉到距离羊场较远的地方堆积发酵，以便杀死里面的致病微生物和寄生虫。

除了羊舍内的粪污需要清扫外，饲槽、水槽也要定期清理，以免里面滋生致病微生物。每次饲喂后2小时都应将饲槽内的剩料清理出来，一来可以避免剩料过多影响羊群下餐食欲，二来可以避免剩料存放时间过长而出现腐败变质或滋生致病微生物。水槽应定期进行刷洗，一般夏秋季节3~5天清理1次，冬春季节7~10天清理1次，将水槽内壁的黏液、污物刷洗干净。

2. 怎样才能保证羊的饮水符合卫生标准？

水是生命之源，短时的缺水导致羊食欲下降，掉膘减脂；长时间的缺水会使羊消化不良甚至发生百叶干等病，严重缺水甚至有可能导致羊死亡。一定要保证羊的饮水量。此外，羊的饮水要保证水质符合《无公害食品 畜禽饮用水水质标准》（表4-1），以保证干净卫生，防止羊感染寄生虫病或发生中毒等。

表4-1 畜禽饮用水水质标准

项 目		标准值	
		畜	禽
感官性状及一般化学指标	色（°）≤	色度不超过30°	
	浑浊度（°）≤	不超过20°	
	臭和味 ≤	不得有异臭、异味	
	肉眼可见物 ≤	不得含有	
	总硬度（以CaCO_3计），毫克/升 ≤	1 500	
	pH值 ≤	5.5~9	6.8~8.0
	溶解性总固体，毫克/升 ≤	4 000	2 000
	氯化物（以Cl^-计），毫克/升 ≤	1 000	250
	硫酸盐（以SO_4^{2-}计），毫克/升 ≤	500	250
细菌学指标≤	总大肠菌群，个/100毫升 ≤	成年畜10，幼畜和禽1	
毒理学指标	氟化物（以F^-计），毫克/升 ≤	2.0	2.0
	氰化物，毫克/升 ≤	0.2	0.05
	总砷，毫克/升 ≤	0.2	0.2
	总汞，毫克/升 ≤	0.01	0.001
	铅，毫克/升 ≤	0.1	0.1
	铬（六价），毫克/升 ≤	0.1	0.05
	镉，毫克/升 ≤	0.05	0.01
	硝酸盐（以N计），毫克/升 ≤	30	30

要保证羊饮水符合卫生标准，要做到如下几点。

① 场区保持整洁，搞好羊舍内外环境卫生、消灭杂草，每半个月消毒1次，每季灭鼠1次。夏秋两季全场每周灭蚊蝇1次，注意人畜安全。

② 圈舍每天进行清扫，粪便要及时清除，保持圈舍整洁、整齐、卫生。做到无污水、无污物、少臭气。每周至少消毒1次。

③ 圈舍每年至少要有2~3次空圈消毒。其程序为：彻底清扫→清水冲洗→2%火碱水喷洒→次日用清水冲洗干净，并空圈5~7天。

④ 饮水槽和食槽要每2周用0.1%的高锰酸钾水清洗消毒。

⑤ 定期清洗排水设施。

3. 怎样搞好羊场的饲料卫生管理？

建立和推广有效的卫生管理系统，可有效杜绝有毒有害物质和微生物进入饲料原料或配合饲料生产环节，保证最终产品中各种药物残留和卫生指标均在控制线以下，确保饲料原料和配合饲料产品的安全。

（1）设施设备的卫生管理　饲料饲草加工机械设备和器具的设计要能长期保持防污染，用水的机械、器具要由耐腐蚀材料构成。与饲料饲草等的接触面要具有非吸收性，无毒、平滑。要耐反复清洗、杀菌。接触面使用药剂、润滑剂、涂层要合乎规定。设备布局要防污染，为了便于检查、清扫、清洗，要置于用手可及的地方，必要时可设置检验台，并设检验口。设备、器具维护维修时，事前要作出检查计划及检验器械详单，其上要明确记录修理的地方，交换部件负责人，保持检查监督作业及记录。

（2）卫生教育　对从事饲料饲草加工的人员要进行技术培训，对患有可能会导致饲料被人兽共患病病原微生物污染的人员，不允许从事饲料饲草的加工工作。不要赤手接触制品，必须用外包装。进入生产区域的人员要用肥皂及流动的水洗净手。使用完洗手间或打扫完污染物后要洗手。要穿工厂规定的工作服、帽子。考虑到鞋可能把异物带入生产区域，要换专用的鞋。戴手套时需留意不要由手套给原料、制品带来污染。为防止进入生产区的人落下携带物，要事先取下保管。生产区内严禁吸烟。

（3）杀虫灭鼠　由专人负责，制订出高效、安全的计划并得到负责人认可方可实施。对使用的化学制品要有详细的清单及使用方法。要设置毒饵投放位置图并记录查看次数，写出实施结果报告书。使用的化学制品必须是规定所允许的，实施后调查害虫、老鼠生态情况，确认效果。如未达到效果，须改进计划并实施。

（4）饲料的消毒　对粗饲料要通风干燥，经常翻晒和日光照射消毒；对青饲料防止霉烂，最好当日割当日喂。精饲料要防止发霉，要经常晾晒。

 4. 怎么控制好羊场空气环境质量？

（1）场区环境质量　对羊场场区、舍区要检测氨气、硫化氢、二氧化碳、总悬浮颗粒物、可吸入颗粒浓度，注意空气流通，避免氨气等浓度过高。生态养殖生产中，羊场空气环境质量应符合表4-2要求。

表4-2　羊场空气环境质量指标

项目	单位	场区	舍区
氨气	毫克/米³	≤5	≤25
硫化氢	毫克/米³	≤2	≤10
二氧化碳	毫克/米³	≤750	≤1 500
可吸入颗粒（标准状态）	毫克/米³	≤1	≤2
总悬浮颗粒物（标准状态）	毫克/米³	≤2	≤4
恶臭	稀释倍数	≤50	≤70

（2）场区周围区域环境空气质量　密切观察空气质量指数，避免受工业废气的污染。空气质量监测主要包括总悬浮颗粒物、二氧化硫、氮氧化物、氟化物、铅等。

生态养殖生产中，场区周围区域环境空气质量应符合表4-3的要求。

表4-3　环境空气质量指标

项目	单位	日平均	1小时平均
总悬浮颗粒物（标准状态）	毫克/米³	≤0.30	
二氧化硫（标准状态）	毫克/米³	≤0.15	≤0.50
氮氧化物（标准状态）	毫克/米³	≤0.12	≤0.24
氟化物	微克/（分米³·天）	≤3（月平均）	
铅（标准状态）	微克/米³	季平均1.50	

（3）空气消毒　人、羊的呼吸道及口腔排出的微生物，随着呼出气体、咳嗽、鼻喷形成气溶胶悬浮于空气中。空气中微生物的种类和数量受地面活动、气象因素、人口密度、地区、室内外环境、羊的饲养数量等因素影响。一般羊舍被污染的空气中微生物数量较多，特别是在添加粗饲料、更换垫料、清扫、出栏时更多。因此，必须对羊舍的空气进行消毒，尤其是要注意对病原污染羊舍及羔羊舍的空气进行消毒。

空气消毒最简单的方法是通风，其次是利用紫外线杀菌或甲醛气体熏蒸。

（1）通风换气　通风换气是迅速减少畜禽舍内空气中微生物含量的最简便、最迅速、也是最有效的措施。能排出因羊呼吸和蒸发及飞沫、尘埃污染了的空气，换以清新的空气。具体实施时，应打开羊舍的门窗、通风口，提高舍内温度，以加大通风换气量、提高换气速度。一般舍内外温差越大，换气速度越快。

（2）紫外线照射　紫外线的杀菌效能，除与波长有关外，还与光源的强度、照射的距离以及照射时间有密切的关系。紫外线照射只能杀死其直接照射部分的细菌，对阴影部分的细菌无杀灭作用，所以，紫外线灯架上不应附加灯罩，以利扩大照射范围。

（3）化学消毒法　常用消毒药液进行喷雾或熏蒸。用于空气消毒的消毒药剂有乳酸、醋酸、过氧乙酸、甲醛、环氧乙烷等。

使用乳酸蒸气消毒时，按每立方米空间 10 毫升的用量加等量水，放在器皿中加热蒸发。醋酸、食醋也可用来对空气进行消毒，用量为每立方米 3~10 毫升，加水 1~2 倍稀释，加热、蒸发。

使用过氧乙酸消毒的方法有喷雾法和熏蒸法 2 种，喷雾消毒时，用 0.3%~0.5%浓度的溶液进行，用量为每立方米 1 000 毫升，喷雾后密闭 1~2 小时。熏蒸消毒时，用 3%~5%浓度溶液加热蒸发，密闭 1~2 小时，用量为每立方米空间 1~3 克。

甲醛气体消毒是空气消毒中最常用的一种方法，用量为每立方米空间：福尔马林 25 毫升、高锰酸钾 25 克、水 12.5 毫升。

5. 为什么要对羊进行定期驱虫和药浴？

为了预防羊的寄生虫病，应在发病季节到来之前，用药物给羊群进行预防性驱虫。预防性驱虫的时机，根据寄生虫病季节动态调查确定。例如，某地的肺线虫病主要发生于 11—12 月及翌年的 4—5 月，那就应该在秋末冬初草枯以前（10 月底或 11 月初）和春末夏初羊抢青以前（3—4 月）各进行 1 次药物驱虫；也可将驱虫药小剂量地混在饲料内，在整个冬季补饲期间让羊食用。

预防性驱虫所用的药物有多种，应视病的流行情况选择应用。丙硫咪唑（丙硫苯咪唑）具有高效、低毒、广谱的优点，对羊常见的胃肠道线虫、肺线虫、肝片吸虫和线虫均有效，可同时驱除混合感染的多种寄生虫，是较理想的驱虫药物。使用驱虫药时，要求剂量准确，并且要先做小群驱虫试验；取得经验后再进行全群驱虫。驱虫过程中发现病羊，应进行对症治疗，及时解救出现中毒、副作用的羊。

药浴是防治羊的外寄生虫病，特别是羊螨病的有效措施，可在剪毛后 10 天左右进行。药浴液可用 1%敌百虫水溶液或速灭菊酯（80~200 毫克/升）、溴氰菊酯（50～80毫克/升）。也可用石硫合剂，其配法为生石灰75千克、硫黄粉末12.5千克，用水拌成糊状，加水150升，边煮边拌，直至煮沸呈浓茶色为止，弃去下面的沉渣，上清液便是母液。在母液内加500升温水，即成药浴液。药浴可在特建的药浴池内进行，或在特设的淋浴场淋浴，也可用人工方法抓羊在大盆（缸）中逐只洗浴。目前还有一种驱虫新药——浇泼剂，驱虫效果很好。

 ## 6. 给羊驱虫的常用药物有哪些？

（1）敌百虫　敌百虫是国内广泛应用的广谱驱虫药。内服可配成2%～3%水溶液灌服，剂量为绵羊0.07～0.1克/千克体重，山羊0.05～0.07克/千克体重。治疗羊鼻蝇蛆病，按绵羊0.1克/千克体重，颈部皮下注射。外用，1%～2%水溶液，局部涂擦或喷洒，可防治蜂、螨、虱等。杀灭蚊、蝇、蛀等外寄生虫，可用0.1%～0.5%溶液喷洒环境。

（2）丙硫咪唑　对羊群常见胃肠道线虫、肺线虫、肝片吸虫和绦虫均有效。预防性驱虫，10～15毫克/千克体重，1次口服，对吸虫、绦虫、线虫都有驱杀作用。胃肠道线虫的驱除，10～20毫克/千克体重，1次口服。绦虫的驱除，10～16毫克/千克体重，1次口服。

（3）伊维菌素　用于驱除羊多种线虫和体外寄生虫，对成虫、幼虫均有高效；毒性和副作用很小。预防和治疗均按0.2毫克/千克体重，内服，必要时间隔7～10天，再用药1次。伊维菌素注射液可按0.2毫克/千克体重（即50千克体重1～2毫升），皮下注射。

（4）左旋咪唑　主要用于畜禽的消化道线虫病。内服、混饲、皮下或肌内注射等给药均可，不同给药途径的驱虫效果相同。内服8～10毫克/千克体重，溶入水中灌服或者混入饲料中喂服；皮下或肌内注射，8～10毫克/千克体重，配成5%的注射液。

体内外驱虫法主要是利用肌内注射药物后防治体内外寄生虫使用。

 ## 7. 羊只驱虫应注意哪些问题？

① 驱虫必须是健康羊只，对于病羊要治愈后再驱虫，严格药品剂量使用，

不可随意加大给药量。

②驱虫时先做小群试验，无不良反应后方可进行大群驱虫。

③妊娠母羊可安排在产前1个月、产后1个月各驱虫1次，不仅能驱除母羊体内外寄生虫，而且有利于哺乳，并减少寄生虫对幼羔的感染。剂量按正常剂量的2/3给药。

④驱虫后，要密切观察羊只是否有毒性反应，尤其是大规模驱虫时，要特别注意。出现毒性反应时，要及时采取有效措施消除毒性反应。

8. 如何搞好羊场的卫生防疫?

①场区大门口、生产管理区、生产区，每栋舍入口处设消毒池（盆）。

羊场大门口的消毒池，长度不小于汽车轮胎周长的1.5~2倍，宽度应与门的宽度一样，水深10~15厘米，内放2%~3%氢氧化钠溶液或5%来苏尔溶液。消毒液1周换1次。

②生活区、生产管理区应分别配备消毒设施（喷雾器等）。

③每栋羊舍的设备、物品固定使用，羊只不许串舍，出场后不得返回，应入隔离饲养舍。

④禁止生产区内解剖羊，在固定地点剖检后和病死羊焚烧处理，羊只出场出具检疫证明和健康卡、消毒证明。

⑤禁用强毒疫苗，制定科学的免疫程序。

⑥场区绿化率（草坪）达到40%以上。

⑦场区内分净道、污道，互不交叉，净道用于进羊及运送饲料、用具、用品，污道用于运送粪便、废弃物、死淘羊。

9. 病死羊应如何处理?

所有病死羊都要严格按照2022年7月1日起施行的《病死畜禽和病害畜禽产品无害化处理管理办法》处理。

10. 羊粪便如何进行无害化处理和利用?

国家标准《畜禽粪便无害化处理技术规范》(GB/T 36195—2018)规定,用于直接还田的畜禽粪便,需要进行无害化处理,防止污染施用地面。粪尿,适宜寄生虫、病原微生物寄生、繁殖和传播。从防疫的角度看,羊粪不利于羊场的卫生与防疫。为了变不利为有利,需对羊粪进行无害化处理。羊粪无害化处理主要是通过物理、化学、生物等方法,杀灭病原体,改变羊粪中病原体适宜寄生、繁殖和传播的环境,保持和增加羊粪有机物的含量,达到污染物的资源化利用。羊粪无害化环境标准是:蛔虫卵的死亡率≥95%;粪大肠菌群数≤10个/千克;恶臭污染物排放标准是:臭气浓度标准值70。

(1)羊粪的处理

① 发酵处理。粪便的发酵处理就是利用各种微生物的活动来分解羊粪中的有机成分,从而有效地提高有机物的利用率,在发酵过程中形成的特殊理化环境也可杀死粪便中的病原菌和一些虫卵,根据发酵过程中依靠的主要微生物种类不同,可公为充气动态发酵、堆肥发酵和沼气发酵处理。

充气动态发酵:在适宜的温度、湿度以及供氧充足的条件下,好气菌迅速繁殖,将粪中的有机物质分解成易消化吸收的物质,同时,释放出硫化氢、氨等气体。在45~55℃下处理12小时左右,可生产出优质有机肥料和再生饲料。

堆肥发酵处理:传统处理羊粪便的消毒方法中,最实用的是生物热消毒法,即在距羊场100~200米以外的地方设一堆粪场,将羊粪堆积起来,上面覆盖10厘米厚的沙土,发酵30天左右,利用微生物进行生物化学反应,分解熟化羊粪中的异味有机物,随着堆肥温度升高,杀灭其中的病原菌、虫卵和蛆蛹,达到无害化并成为优质肥料的方法。

沼气发酵处理:沼气处理是厌氧发酵过程,可直接对水粪进行处理。其优点是产出的沼气是一种高热值可燃气体,沼渣是很好的肥料。经过处理的干沼渣还可作饲料。

② 干燥处理。

脱水干燥处理:通过脱水干燥,使其中的含水量降低到15%以下,便于包装运输,又可抑制畜粪中微生物活动,减少养分(如蛋白质)损失。

高温快速干燥:采用以回转圆筒烘干炉为代表的高温快速干燥设备,可在短时间(10分钟左右)内将含水率为70%的湿粪,迅速干燥至含水仅10%~

15%的干粪。

太阳能自然干燥处理：采用专用的塑料大棚，长度可达60~90米，内有混凝土槽，两侧为导轨，在导轨上安装有搅拌装置。湿粪装入混凝土槽，搅拌装置沿着导轨在大棚内反复行走，通过搅拌板的正反向转动来捣碎、翻动和推送畜粪，并通过强制通风排出大棚内的水汽，达到干燥畜粪的目的。夏季只需要约1周的时间即可把畜粪的含水量降到10%左右。

（2）羊粪的利用　羊粪属热性肥料，适用于凉性土壤和阴坡地。羊粪含有机质24%~27%，氮0.7%~0.8%，磷（五氧化二磷）0.45%~0.6%，钾（氧化钾）0.4%~0.5%。羊粪粪质较细，养分浓厚，含有丰富的氮、磷、钾、微量元素和高效有机质；羊粪能活化土壤中大量存留的氮磷钾，有助于农作物的吸收。同时，还能显著提高农作物的抗病、抗逆、抗掉花、抗掉果能力。与施用无机肥相比，施用羊粪可使粮食作物增产10%以上，蔬菜和经济作物增产30%左右，块根作物增产40%左右。

① 直接用作肥料。经发酵等处理后的羊粪可直接还田用作肥料。羊粪作为肥料首先根据饲料的营养成分和吸收率，估测粪便中的营养成分。另外，施肥前要了解土壤类型、成分及作物种类，确定合理的作物养分需要量，并在此基础上计算出畜粪施用量。

② 生产有机无机复合肥。羊粪最好先经发酵后再烘干，然后与无机肥配制成复合肥。复合肥不但松软、易拌、无臭味，而且施肥后也不再发酵，特别适合于盆栽花卉和无土栽培及庭院种植业（图4-1）。

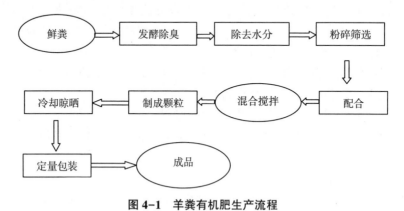

图4-1　羊粪有机肥生产流程

③ 制取沼气。沼气是在厌氧环境下，在一定温度、湿度、酸碱度的条件下，微生物在分解发酵有机物质的过程中所产生的一种可燃气体。羊粪制造沼

气，入池前要堆沤 3 天，然后入池发酵（图4-2）。

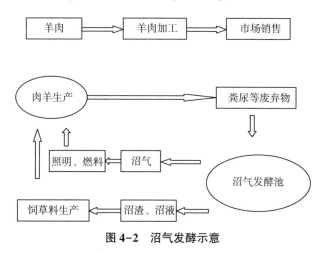

图 4-2　沼气发酵示意

④ 土地还原法。将羊粪与地表土混合，深度为 20 厘米，用水浇灌超过保水容量。有机物质确保土壤中的微生物迅速增加，消耗掉土地中的氧，微生物产生的有机酸、发酵产生的热，可以有效地杀灭病菌。使土地转变成还原状态。

第五章　规模化生态养羊的消毒与免疫

1. 什么叫消毒?

消毒是指利用物理、化学和生物学方法清除或杀灭外环境（各种物体、场所、饲料、饮水及动物体表、黏膜、浅体表）中的病原微生物及其他微生物，从而阻止和控制传染病的发生和蔓延。

消毒的含义有 2 点：消毒是针对病原微生物和其他有害微生物的，并不要求清除或杀灭所有病原微生物；消毒是相对的而不是绝对的，它只要求将有害微生物的数量减少到无害程度，而不要求把所有病原微生物全部杀死。

用于消毒的药物称为消毒剂，即用于杀灭传播媒介上的病原微生物，使其达到无害化要求的制剂。

2. 消毒对生态羊场有什么意义?

（1）预防传染病及其他疾病　传染病是由各种病原体引起的能在人与人、动物与动物或人与动物之间相互传播的一类疾病。消毒是消灭和根除病原体必不可少的手段，也是兽医卫生防疫工作中的一项重要工作，是预防和扑灭传染病的最重要的措施之一。

（2）防止群体和个体交叉感染　在集约化、规模化养殖业迅速发展的今天，消毒工作更加显现出其重要性，并已经成为养殖生产过程中必不可少的重要环节之一。一般来说，病原微生物感染具有种的特异性。因此，同种间的交叉感染是传染病发生、流行的主要途径。如口蹄疫只能在偶蹄兽中传播流行，一般不会引起其他动物或家禽的感染发病。但也有些传染病可以在不同种群间流行，如结核病、禽流感等，不仅可以引起禽类共患，还可感染人。

（3）消除非常时期传染病的发生和流行　羊的疫病水平传播有 2 条途径，

即消化道途径和呼吸道途径。消化道途径通常是指带有病原体的粪便污染饮水、用具、物品，主要指病原体对饲料、饮水、羊舍及用具的污染；呼吸道途径主要指通过空气和飞沫传播，被感染动物通过咳嗽、打喷嚏和呼吸等将病原体排入空气中，并可污染环境中的物体。非常时期传染病的流行主要就是通过这2种方式。因此，对空气和环境中的物体消毒具有重要的防病意义。动物门诊、兽医院等地方也是病原微生物比较集中的地方，做好这些地方的消毒工作，对防止动物群体之间传染病的流行也具有重要意义。

（4）预防和控制新发传染病的发生和流行 我国羊病种类多，危害大，但流行病学家底不清，特别是一些危害严重的传染病造成重大损失。如羊支原体肺炎（传染性胸膜肺炎）、羊痘、传染性脓疱皮炎（羊口疮）、羊地方性流产（羊衣原体性流产）、链球菌病、羔羊痢疾和羊肠毒血症等梭菌病危害严重；人兽共患病，如布炭疽、鲁氏菌病、弓形虫病、棘球蚴病、片形吸虫病等时有发生，威胁养殖场人员及农牧民身体健康；寄生虫病，如吸虫病、疥螨病、焦虫病、肠道寄生虫传播、绦虫病等发生普遍，防治手段单一，难以根除。面对羊病流行的新形势，消毒工作显得更为重要。有些疫病，在尚未摸清流行病学家底的情况下，对有可能被病原微生物污染的物品、场所和动物体等进行的消毒（预防性消毒），可以预防和控制新传染病的发生和流行。同时，一旦发现新的传染病，要立即对病羊的分泌物、排泄物、污染物、胴体、血污、居留场所、生产车间以及与病羊及其产品接触过的工具、饲槽以及工作人员的刀具、工作服、手套、胶鞋、病羊通过的道路等进行消毒（疫源地消毒），以阻止病原微生物的扩散，切断其传播途径。

（5）维护公共安全和人类健康 养殖环境不卫生，病原微生物种类多、含量高，不仅能引起羊群发生传染病，而且直接影响到羊产品的质量，从而危害人的健康。从社会预防医学和公共卫生学的角度来看，兽医消毒工作在防止和减少人畜共患传染病的发生和蔓延中发挥着重要的作用，是人类环境卫生、身体健康的重要保障。通过全面彻底的消毒，可以阻止人畜共患病的流行，减少对人类健康的危害。

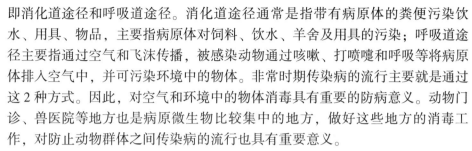

3. 常用的消毒方法有哪些？

（1）物理消毒法
① 机械清除与消毒。主要是通过清扫、冲洗、洗刷、通风、过滤等机械

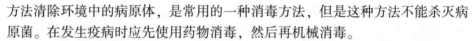

方法清除环境中的病原体，是常用的一种消毒方法，但是这种方法不能杀灭病原菌。在发生疫病时应先使用药物消毒，然后再机械消毒。

应用肥皂刷洗，流水冲净，可消除手上绝大部分甚至全部细菌，使用多层口罩可防止病原体自呼吸道排出或侵入。应用通风装置过滤器可使手术室、实验室及隔离病室的空气，保持无菌状态。

② 干热消毒。是指通过焚烧法、灼烧法、热空气消毒法，以达到消毒的目的。

日光消毒法：是指将物品放在阳光下暴晒，利用光谱中的紫外线、阳光的灼热和蒸发水分造成干燥等，使病原微生物灭活而达到消毒的目的。

火焰或焚烧消毒：通过火焰喷射器喷火或焚烧处理达到彻底消毒的目的。凡经济价值小的污染物、金属器械和尸体等均可焚烧法消毒，简便经济、效果稳定。

煮沸消毒：耐煮物品及一般金属器械均用本法，100℃ 1~2 分钟即完成消毒，但芽孢则须较长时间。炭疽杆菌芽孢须煮沸 30 分钟，破伤风芽孢需 3 小时，肉毒杆菌芽孢需 6 小时。金属器械消毒，加 1%~2% 碳酸钠或 0.5% 软肥皂等碱性剂，可溶解脂肪，增强杀菌力。棉织物加 1% 肥皂水 15 升/千克，有消毒去污之功效。物品煮沸消毒时，不可超过容积的 3/4，应浸于水面下。注意留空隙，以利对流。

流通蒸汽消毒：是将不能煮沸而潮湿的物品放入蒸笼或特制的柜内密封后，充入蒸汽，一般 30 分钟左右即可达到消毒的目的。

巴氏消毒：加温到 60℃ 经 30 分钟称为低温巴氏消毒，加温到 85~87℃ 经几分钟为高温巴氏消毒。此种方法经常用于牛奶的消毒，既可以杀灭或灭活病原菌，又不致严重损害其营养成分。

高压蒸汽消毒：是指用高热高温的蒸汽，使病原微生物丧失活性的一种消毒方法。常用于耐高湿热的物质，如培养基、玻璃器皿、金属器械的消毒灭菌。

干热灭菌消毒：利用热空气灭菌以达到消毒的目的，如控制在 140~160℃维持 2 小时可以杀死全部细菌和芽孢。一般使用电热干燥箱进行消毒。

③ 辐射消毒。有非电离辐射与电离辐射 2 种。前者有紫外线、红外线和微波，后者包括 2 种射线的高能电子束（阴极射线）。红外线和微波主要依靠产热杀菌。

电离辐射设备昂贵，对物品及人体有一定伤害，故使用较少。目前，应用最多的为紫外线，可引起细胞成分，特别是核酸、原浆蛋白和酸发生变化，导致微生物死亡。

日光暴晒亦依靠其中的紫外线，但由于大气层中的散射和吸收使用，仅39%可达地面，故仅适用于耐力低的微生物，且须较长时间暴晒。

（2）化学消毒法　是指用化学消毒药物作用于微生物和病原体，使其蛋白质变性，失去正常功能而死亡。目前，常用的有含氯消毒剂、氧化消毒剂、碘类消毒剂、醛类消毒剂、杂环类气体消毒剂、酚类消毒剂、醇类消毒剂、季铵盐类消毒剂等。

（3）生物消毒法　是一种最常用最简单的消毒方法，主要是对大量废物、污物、粪便等进行消毒，但消毒作用的时间较长。其方法是将废物、污物、粪尿堆积在一起，表面加盖约10厘米后的土泥或喷洒消毒药液，经3~6周的时间，通过微生物发酵产热杀死病原体和寄生虫幼虫及虫卵。

（4）综合消毒法　就是机械的、物理的、化学的、生物的消毒方法综合起来进行消毒，在实际工作中多采用综合消毒法，以确保消毒的效果。

4. 羊场常用的消毒剂有哪些？

（1）草木灰水　配制：取草木灰30份，加水100份，煮沸1小时，补足蒸发掉的水分，过滤后取滤液使用。可用作用具、地面、圈栏、工作服等的消毒。草木灰必须新鲜、干燥，草木灰水要趁热使用，效果较好。

（2）石灰乳　配制：取生石灰10份，加水10份，待石灰块化成浆糊状，再加水40~90份，即成10%~20%的石灰乳。常用作畜舍的墙壁、地面、圈栏等的消毒。石灰乳中加入1%~2%的烧碱，可增强消毒效果。注意现用现配。

（3）烧碱　配制：取97~99份水加1~3份烧碱，充分溶解后即成1%~3%的烧碱水。可用作用具、畜舍、运输工具等的消毒。在烧碱液中加入5%石灰水，可增强消毒效果。此药应趁热使用，有强烈的腐蚀性，使用时要注意人畜安全。

（4）漂白粉　配制：取5~20份漂白粉，加水80~95份，搅拌后即成为5%~20%混悬液。可用作畜舍、用具、地面、粪便、污水等的消毒。漂白粉应装在密封的容器内，不能用作金属及工作服的消毒，此药有强烈的腐蚀性，用时要注意人畜安全。混悬液配后在48小时内用完。喷雾器用完后立即洗净。

羊舍内消毒一般选用气味小、腐蚀性低、广谱抗菌的药物，尽量少用或不用强酸、强碱类药品进行消毒。常用羊舍内消毒药品如下。

（1）稀戊二醛　能够迅速杀灭各种病毒、细菌、霉菌等病原微生物，对口蹄疫病毒、猪瘟病毒、大肠杆菌、新城疫等病原具有迅速杀灭作用，对禽流行性感冒病毒及猪、牛、羊等口蹄疫有很好的预防效果。一般规格浓度为2%，消毒时稀释1 000倍进行舍内喷施。

（2）聚维酮碘　主要成分为聚维酮碘、碘酸钾、碘化钾、纯化水等，是强效、速效、长效的消毒杀菌剂，对多种细菌、芽孢、病毒、真菌等有杀灭作用。一般规格浓度为1%，一般稀释200倍进行舍内喷施消毒。

（3）枸橼酸粉　主要破坏微生物的DNA、RNA、酶和蛋白质的结构，能够有效杀灭病毒、细菌和真菌。一般为粉剂，舍内消毒稀释到200倍液即可。

羊舍内消毒任何药品都不能长期使用，应多次交替更换药物才能有效抑制病原菌。不同季节消毒频率不同，在丘陵山区一般夏秋季为1周消毒1次，冬春季2周消毒1次。

5. 怎样做好羊场入口消毒？

在羊场入口、生产区入口、各栋羊舍入口及配料间入口，都应设立消毒池，消毒池内要有消毒液并按时更换。大门口的车辆消毒池长度是车轮胎周长的2倍，深度15~20厘米，与大门等宽；生产区入口要有消毒室或淋浴室供出入人员淋浴消毒；各栋羊舍入口及配料间入口也要设有脚踏消毒槽。消毒液可选用2%~5%氢氧化钠溶液、1%菌毒敌、1∶200百毒杀等。池内的消毒液应定期更换，使用时间最好不要超过1周，雨过天晴后应立即更换，确保消毒效果。

进入场门的车辆除要经过消毒池外，还必须对车身、车底盘进行高压冲洗，待干后喷雾消毒，消毒液可用0.2%过氧乙酸或0.1%灭毒威等。严禁车辆（包括员工的摩托车、自行车）进入生产区。外界购羊车一律禁止入场。生产区内的料车每周需彻底消毒1次。所有工作人员进入场区大门必须进行鞋底消毒，并经自动喷雾器进行喷雾消毒。进入生产区的人员必须淋浴、更衣、换鞋、洗手，并经紫外线照射15分钟。工作服、鞋帽等应定期消毒，可放在1%~2%碱水内煮沸消毒，也可在每立方米空间用42毫升福尔马林熏蒸20分钟消毒。工作人员在接触羊群、饲料等之前必须洗手，并用消毒液浸泡消毒3~5分钟。病羊隔离人员和剖检人员操作前后都要进行严格消毒。

6. 怎样做好羊场环境消毒？

（1）生活区、办公区消毒　生活区、办公区院落或门前屋后在 4—10 月每 10 天消毒 1 次，11 月至翌年 3 月每 15 天消毒 1 次。

（2）生产区消毒　生产区道路、每栋羊舍前后每 2~3 周消毒 1 次，场内污水池、堆粪坑、下水道出口每月消毒 1 次，可用 2%~3% 氢氧化钠或市售广谱高效消毒液喷洒消毒。

（3）垃圾处理消毒　生产区的垃圾实行分类堆放，并定期收集。每周定期进行环境清理、消毒和焚烧垃圾。消毒时用 3% 氢氧化钠喷湿，阴暗潮湿处撒生石灰。

7. 怎样进行羊舍消毒？

首先，将羊舍和病羊停留过地面上的表土、粪便和垃圾彻底铲除，彻底清扫、冲洗可使羊舍内病原体数减少 50%，在此基础上再用药物消毒可使羊舍内病原体数减少 90% 以上。要注意将清除的粪便垃圾等堆积在距羊场 100 米以外地方，上面覆盖 10 厘米厚的沙土，堆放发酵 30 天左右，就可作为肥料了。

其次，所用消毒液的量要足，让地面完全湿透，一般每平方米面积用 1~2 升消毒溶液。再根据是否发生传染病及病原体的性质确定所用消毒液品种及浓度，一般常用消毒液有 2%~4% 火碱（氢氧化钠）、10%~20% 石炭酸、5%~20% 的漂白粉、5% 来苏尔、20% 草木灰、2%~4% 福尔马林、0.5% 过氧乙酸、0.5%~1% 菌毒敌（农乐、农福等）或二氯异氰尿酸钠（消毒灵、灭菌净）等。

消毒方法是将消毒液盛于喷雾器内，先均匀喷洒于地面，再喷湿墙壁、天棚和饲槽，过一定时间再开窗通风，并用清水刷洗饲槽、用具，将消毒药味除去。如羊舍有密闭条件，可关闭门窗，用福尔马林熏蒸消毒 12~24 小时，然后开窗通风 24 小时。福尔马林的用量为每立方米空间用 12.5~50 毫升，加等量水一起加热蒸发，无热源时，也可加入高锰酸钾（每立方米用 7~25 克）。在一般情况下，羊舍消毒每年可进行 2 次（春、秋各 1 次）。产房的消毒，在产羔前应进行 1 次，产羔的高峰时进行多次，产羔结束后再进行 1 次。在病羊舍、隔离舍的出入口处放置消毒液的麻袋片或草垫；消毒液可用2%~4%氢氧化钠、1%菌毒敌。注意要使麻袋片或草垫一直维持潮湿状态。如被病羊的分泌物、排泄物等污染的面积不大，则可用消毒液泼洒污染地面，进行局部消毒。

8. 怎样做好空羊舍的消毒？

（1）清扫　首先对空舍的粪尿、污水、残料、垃圾和墙面、顶棚、水管等处的尘埃进行彻底清扫，并整理归纳舍内饲槽、用具，当发生疫情时必须先消毒后清扫。

（2）浸润　对地面、羊栏、出粪口、食槽、粪尿沟、风扇匣、护羔箱进行低压喷洒，并确保充分浸润，浸润时间不低于30分钟，但不能过长，以免干燥、浪费水且不好洗刷。

（3）冲刷　使用高压冲洗机，由上至下彻底冲洗屋顶、墙壁、栏架、网床、地面、粪尿沟等。要用刷子刷洗藏污纳垢的缝隙，尤其是食槽、护羔箱的下端，冲刷不要留死角。

（4）消毒　晾干后，选用广谱高效消毒剂，消毒舍内所有表面、设备和用具，必要时可选用2%~3%的烧碱进行喷雾消毒，30~60分钟后低压冲洗，晾干后用另一种广谱高效消毒药喷雾消毒。

（5）复原　恢复原来栏舍内的布置，并检查维修，做好进羊前的充分准备，并进行第二次消毒。

（6）进羊　进羊前1天再喷雾消毒。

9. 如何搞好羊舍带羊消毒？

定期进行带羊消毒，有利于减少环境中的病原微生物，减少疾病发生。常用的药物有0.2%~0.3%过氧乙酸，每立方米空间用药20~40毫升，也可用0.2%的次氯酸钠溶液或0.1%的新洁尔灭溶液。0.5%以下浓度的过氧乙酸对人畜无害，为了减少对工作人员的刺激，在消毒时可佩戴口罩。一般情况下每周消毒1~2次，春秋疫情常发季节，每周消毒3次，在有疫情发生时，每天消毒1次。带羊消毒时可以将3~5种消毒药交替进行使用。

羊在助产、配种、注射及其他任何对羊接触操作前，应先将有关部位进行消毒擦拭，以减少病原体污染，保证羊只健康。

10. 皮毛应怎样消毒？

对患炭疽、口蹄疫、布鲁氏菌病、羊痘、坏死杆菌病等的羊皮、羊毛均应消毒。应当注意，发生炭疽时，严禁从尸体上剥皮；在储存的原料中即使只发现 1 张患炭疽病的羊皮，也应将整堆与它接触过的羊皮消毒。

目前，皮毛消毒广泛利用环氧乙烷气体消毒法，在密闭的专用消毒室或密闭良好的容器（常用聚乙烯或聚氯乙烯薄膜制成的篷布）内进行。

11. 什么叫疫苗？

疫苗是指用各种病原微生物制作的生物制品，可以预防、控制传染病的发生、流行。生物制品，是指用微生物或其毒素、酶，人或动物的血清、细胞等制备的供预防、诊断和治疗用的制剂。预防接种用的生物制品包括疫苗、菌苗和类毒素。其中，由细菌制成的为菌苗；由病毒、立克次氏体、螺旋体制成的为疫苗，有时也统称为疫苗。

疫苗是将病原微生物（如细菌、立克次氏体、病毒等）及其代谢产物，经过人工减毒、灭活或利用基因工程等方法制成的用于预防传染病的自动免疫制剂。疫苗保留了病原菌刺激动物体免疫系统的特性。当动物体接触到这种不具伤害力的病原菌后，免疫系统便会产生一定的保护物质，如免疫激素、活性生理物质、特殊抗体等；当动物再次接触到这种病原菌时，动物体的免疫系统便会依循其原有的记忆，制造更多的保护物质来阻止病原菌的伤害。

12. 羊常用疫苗有哪些？ 怎样使用？

（1）小反刍兽疫活疫苗 按瓶签注明的头份，用灭菌生理盐水稀释成 1 毫升/头份，颈部皮下注射 1 毫升。预防羊小反刍兽疫，免疫保护期 2 年。

（2）小反刍兽疫、山羊痘二联活疫苗（Clone9 株+AV41 株） 用于预防羊的小反刍兽疫和山羊痘。免疫持续期为 12 个月。按瓶签注明头份，用灭菌生理盐水稀释为每 0.5 毫升含 1 头份，每只羊皮内注射 0.5 毫升。最小免疫月龄为 1 月龄。

（3）口蹄疫 O 型灭活疫苗　1 岁以上的羊，1 毫升/只；1 岁以下的羊，0.5 毫升/只，肌内注射。预防羊 O 型口蹄疫，免疫保护期 4 个月。

（4）羊快疫、猝疽、羔羊痢疾、肠毒血症四联干粉灭活疫苗　按瓶签注明的头份，临用时以 20%氢氧化铝胶生理盐水溶液（随疫苗配备）溶解成 1 毫升/头份，充分摇匀，不分年龄大小，肌内或皮下注射 1 毫升/只。预防羊快疫、猝疽、羔羊痢疾、肠毒血症，免疫保护期 12 个月。

（5）山羊传染性胸膜肺炎灭活疫苗　皮下或肌内注射，成年羊 5 毫升/只，6 月龄以下羔羊 3 毫升/只。预防奶山羊传染性胸膜肺炎，免疫保护期 12 个月。

（6）布氏杆菌病活疫苗　布氏杆菌病活疫苗（S2 株）口服，1 头份/只，怀孕母羊口服后不受影响，每年口服 1 次；皮下或肌内注射，奶山羊 0.25 头份/只。但注射免疫不能用于孕羊和小尾寒羊。本品对人有一定的致病力，使用时要注意个人防护。预防羊布氏杆菌病，免疫保护期 36 个月。

 ## 13. 怎样制订羊场的免疫程序?

达到一定规模化的羊场，需根据当地传染病流行情况建立一定的免疫程序。各地区可能流行的传染病不只一种，因此，羊场往往需用多种疫苗来预防，也需要根据各种疫苗的免疫特性合理地安排免疫接种的次数和时间。目前，对于羊还没有统一的免疫程序，只能在实践中根据实际情况，制订一个合理的免疫程序。以下是按月份制订的免疫程序，见表 5-1。

表 5-1　羊场免疫程序（按月份）

免疫时间	疫　苗	免疫对象及方法
3—4 月	羊口蹄疫亚 I、O 型双价苗	4 月龄以上所有羊只肌内注射 1 毫升，间隔 20 天，强化注射 1 次
3—4 月	羊三联四防	全群免疫，每头份用 20%氢氧化铝胶盐水稀释，所有羊只一律肌内注射 1 毫升
5 月	羊痘冻干苗	全群免疫，用生理盐水 25 倍稀释，所有羊只一律皮下注射 0.5 毫升

（续表）

免疫时间	疫　苗	免疫对象及方法
9—10 月	羊口蹄疫亚 I 、O 型双价苗	4 月龄以上所有羊只肌内注射 1 毫升，间隔 20 天，强化注射 1 次
9—10 月	羊三联四防	全群免疫，每头份用 20% 氢氧化铝胶盐水稀释，所有羊只一律肌内注射 1 毫升
11 月	羊痘冻干苗	全群免疫，所有羊只一律皮下注射 0.5 毫升

14. 怎样处理疫苗的应激反应？

（1）应激反应　副反应也就是所谓的"疫苗应激反应"。最急性副反应表现为过敏性休克，寒战发抖、呼吸困难、心动加速、有时鼻孔出泡沫或带血丝，也有个别自行恢复；一般中重度反应表现为高热、食欲减退或废绝、心律不齐或停顿，呼吸急促；轻度反应表现为低热、减食等。

（2）应激反应的处理　轻度反应为疫苗固有反应，一般不需要治疗处理，经过 1~2 天自然恢复，治疗处理反而干扰免疫效果。过敏性休克的抢救，采取立即肌内注射肾上腺素，大羊 3~6 毫升，小羊 2~4 毫升。

15. 给羊进行免疫接种时要注意哪些问题？

① 严格按照免疫程序进行免疫，并按疫苗使用说明书的注射方法要求，准确地免疫接种。免疫接种人员，要组织好保定人员，做到保定切实，注射认真，使免疫工作有条不紊地进行。工作人员要穿好工作服，做好自我防护。

② 免疫接种必须由县乡业务部门审核认定的动物防疫人员（规模场可在动物防疫人员监督下进行免疫）掌针执行。动物防疫员在接种前要做好注射器、针头、镊子等器械的洗涤和消毒工作，并备有足够的碘酊棉球、酒精棉球、针头、注射器、稀释液、免疫接种记录本和肾上腺素等抗过敏药物。

③ 免疫接种前应了解羊的健康状况，对病羊、羔羊、临产母羊可暂缓注射，做好补针记录。

④ 疫苗在使用前要逐瓶检查，要查看瓶口有无破损，封口是否严密，内

容物是否变色、沉淀，标签是否完整，有效期限，稀释方法，使用方法，标签的头份，以及生产厂家，批准文号等。避免使用伪劣产品。

⑤ 各类疫（菌）苗，都为特定专用，不得混淆交叉使用。

⑥ 在免疫注射工作中应携带用于脱敏的药物，如肾上腺素注射液等。

⑦ 接种时在保定好羊的情况下，确定注射部位，按规程消毒，针头刺入适宜深度，注入足量疫苗，拔出针头后再进行注射部位消毒，轻压注射部位，防止疫苗溢出；若是口服或滴鼻、饮水苗也应按疫苗的使用要求进行，坚决不许"打飞针"。

⑧ 接种时要一羊一换针头，规模场可一圈一换针头，用过的棉球、疫苗空瓶回收，集中无害化处理。

⑨ 免疫对象"三不打"。羊3月龄以下不打、妊娠2个月以上或产后不足1.5个月不打、患病或体弱者不打。

⑩ 免疫接种时间应安排在饲喂前进行；免疫接种后要注意观察，关键是注射后2小时内，如果遇有过敏反应的羊立即在30分钟内用肾上腺素、地塞米松等抗过敏药及时脱敏抢救。

⑪免疫资料的记录。免疫结束，要填写免疫档案，包括羊只个体号、年龄、妊娠月数、免疫时间、疫苗种类、注射剂量、疫苗生产厂家、补针时间、出栏时间，畜主签名、防疫员签名等，实施档案管理。

16. 羊免疫接种的途径及方法有哪些？

（1）肌内注射法　适用于接种弱毒或灭活疫苗，注射部位在臀部及两侧颈部，一般用12号针头。

（2）皮下注射法　适用于接种弱毒或灭活疫苗，注射部位在股内侧、肘后。用大拇指及食指捏住皮肤，注射时，确保针头插入皮下，为此进针后摆动针头，如感到针头摆动自如，推压注射器推管，药液极易进入皮下，无阻力感。

（3）皮内注射法　一般适用于羊症弱毒疫苗等少数疫苗，注射部位在颈外侧和尾部皮肤褶皱壁。左手拇指与食指顺皮肤的皱纹，从两边平行捏起一个皮褶，右手持注射器使针头与注射平面平行刺入。注射药液后在注射部位有一豌豆大小泡，且小泡会随皮肤移动，则证明确实注入皮内。

（4）口服法　是将疫苗均匀地混于饲料或饮水中经口服后获得免疫。免疫前应停饮或停喂半天，以保证饮喂疫苗时每头羊都能饮一定量的水或吃入一定量的饲料。

 17. 影响羊免疫效果的因素有哪些？

（1）遗传因素　机体对接种抗原的免疫应答在一定程度上是受遗传因素控制，因此，不同品种甚至同一品种不同个体的动物，对同一种抗原的免疫反应强弱也有差异。

（2）营养状况　维生素、微量元素、氨基酸的缺乏都会使机体的免疫功能下降。例如，维生素 A 缺乏会导致淋巴器官的萎缩，影响淋巴细胞的分化、增殖、受体表达与活化，导致体内的 T 淋巴细胞数量减少，吞噬细胞的吞噬能力下降。

（3）环境因素　环境因素包括动物生长环境的温度、湿度、通风状况、环境卫生及消毒等。如果环境过冷过热、湿度过大、通风不良都会使机体出现不同程度的应激反应，导致机体对抗原的免疫应答能力下降，接种疫苗后不能取得相应的免疫效果，表现为抗体水平低、细胞免疫应答减弱。环境卫生和消毒工作做得好可减少或杜绝强毒感染的机会，使动物安全度过接种疫苗后的诱导期。只有搞好环境，才能减少动物发病的机会，即使抗体水平不高也能得到有效的保护。如果环境差，存有大量的病原，即使抗体水平较高也会存在发病的可能。

（4）疫苗的质量　疫苗质量是免疫成败的关键因素。弱毒疫苗接种后在体内有一个繁殖过程，因而接种的疫苗中必须含有足够量的有活力的病原，否则会影响免疫效果。灭活苗接种后没有繁殖过程，因而必须有足够的抗原量做保证，才能刺激机体产生坚强的免疫力。保存与运输不当会使疫苗质量下降甚至失效。

（5）疫苗的使用　在疫苗的使用过程中，有很多因素会影响免疫效果，例如，疫苗的稀释方法、水质、雾粒大小、接种途径、免疫程序等都是影响免疫效果的重要因素。

（6）病原的血清型与变异　有些疾病的病原含有多个血清型，给免疫防控造成困难。如果疫苗毒株（或菌株）的血清型与引起疾病病原的血清型不同，则难以取得良好的预防效果。因而针对多血清型的疾病应考虑使用多价苗。针对一些易变异的病原，疫苗免疫往往不能取得很好的免疫效果。

（7）疾病对免疫的影响　有些疾病可以引起免疫抑制，从而严重影响了疫苗的免疫效果。另外，动物的免疫缺陷病、中毒病等对疫苗的免疫效果都有不同程度的影响。

（8）母源抗体　母源抗体的被动免疫对新生动物是十分重要的，然而对疫苗的接种也带来一定的影响，尤其是弱毒疫苗在免疫动物时，如果动物存在较高水平的母源抗体，会严重影响疫苗的免疫效果。

（9）病原微生物之间的干扰作用　同时免疫 2 种或多种弱毒疫苗往往会产生干扰现象，给免疫功能带来一定的影响。

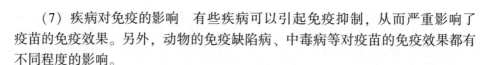

18. 怎样做好羊的驱虫工作？

给羊驱虫是为了防治羊的寄生虫病，一般每年 2~3 次。驱虫的时间，要根据当地羊寄生虫的季节动态调查而定，一般可在每年的 3—4 月和 12 月到来年的 1 月各安排 1 次。这样有利于羊的抓膘及安全越冬和度过春乏期。

羊的体表寄生虫主要有螨、虱、蜱、蚤、蜱、蚊子、蝇蛆等。坚持每个季度以药浴方法驱杀 1 次。当羊体局部出现疥癣等皮肤病时，可采用局部涂抹法治疗。

羊的体内寄生虫主要有肝片吸虫、绦虫、线虫、蛔虫等。肝片吸虫和线虫于 2—3 月和 9—10 月各驱杀 1 次。绦虫 2 个月驱杀 1 次或与肝片吸虫、线虫同时驱杀。

第六章　规模化生态养羊疫病诊疗技术

 1. 怎样对羊进行望诊？

　　望诊也称为视诊，即观察病羊的表现。视诊时，最好先从离病羊几步远的地方观察羊的肥瘦、肢势、步态等情况；然后靠近病羊详细察看被毛、皮肤、黏膜、结膜、粪尿等情况。

　　（1）肥瘦　一般急性病，如急性胸胀、急性炭疽等，病羊身体仍然肥壮；相反，一般慢性病，如寄生虫病等，病羊身体多瘦弱。

　　（2）肢势　观察病羊一举一动是否与平时相同，如果不同，就可能是有病的表现。有些疾病表现出特殊的肢势，如破伤风表现四肢僵直，行动不灵便。

　　（3）步态　一般健康羊步态活泼而稳健。如果羊患病时，常表现行动不稳，或不喜行走。当羊的四肢肌肉、关节或胯部发生疾病时，则表现为跛行。

　　（4）毛和皮肤　健康羊的被毛，平整而不易脱落，富有光泽。在病理状态下，被毛粗乱蓬松，失去光泽，而且容易脱落。患螨病的羊，脊部被毛可成片脱落，同时，皮肤变厚变硬，出现蹭痒和摔伤。在检查皮肤时，除注意皮肤的颜色外，还要注意有无水肿、炎性肿胀、外伤以及皮肤是否温热等。

　　（5）黏膜　一般健康羊的眼结膜、鼻腔、口腔、阴道和肛门黏膜呈光滑粉红色。如口腔黏膜发红，多半是由于体温升高，身体上有发炎的地方。黏膜发红并带有红点、血丝或呈紫色，是由于严重的中毒或传染病引起的。黏膜呈苍白色，多为患贫血病；呈黄色，多为患黄疸病；呈蓝色，多为肺脏、心脏患病。

　　检查眼结膜时，用左手拇指与食指拨开上下眼睑观察结膜颜色。健康羊结膜为淡红色、湿润。病羊的结膜呈苍白、发黄或赤紫色。健康羊的鼻腔黏膜潮湿红润，鼻孔周围干净，鼻孔内无污物，鼻孔周围有大量鼻汁和脓液，常打喷嚏，有时有虫体喷出，如羊鼻蝇幼虫。用手触觉鼻孔，能感到温度偏高。

（6）吃食、饮水、口腔和粪尿　羊吃食或饮水忽然增多或减少，以及喜欢舔泥土、吃草根等，也是患病的表现，可能是慢性营养不良。反刍减少、无力或停止，表示羊的前胃有病。口腔患病时，如喉头炎、口腔溃疡、舌有烂伤等，打开口腔就可以发现。羊的排粪也要检查，主要检查粪便的形状、硬度、色泽及附着物等。正常时，羊粪呈小球形，没有难闻的臭味。病理状态下，粪便有特殊臭味，见于各型肠炎；粪便过于干燥，多为缺水和肠迟缓；粪便过于稀薄，多为肠机能亢进；前部肠管出血，粪呈黑褐色，后部出血则是鲜红色；粪内有大量黏液，表示肠黏膜有卡他性炎症；粪便混存完整谷粒或纤维很粗，表示消化不良；混有纤维素膜时，表示为纤维素性肠炎；混有寄生虫及其节片时，体内有寄生虫。正常羊每天排尿 3~4 次，排尿次数和尿量过多或过少，以及排尿痛苦、失禁，都是患病的征候。

（7）呼吸　正常时，羊每分钟呼吸 12~20 次。呼吸次数增多，见于热性病、呼吸系统疾病、心脏衰弱及贫血、腹压升高等；呼吸次数减少，主要见于某些中毒、代谢障碍、昏迷。另外，还要检查呼吸型、呼吸节律以及呼吸是否困难等。

2. 诊断羊病时，闻诊的主要内容有哪些？

闻诊有 2 方面内容：鼻闻气味（即嗅诊）、耳听声音。

（1）闻气味　诊断羊病时，用鼻嗅闻病羊的分泌物、排泄物、呼出气体及口腔气味很重要。如肺坏疽时，鼻闻可带有腐败性恶臭；胃肠炎时，粪便腥臭或恶臭；消化不良时，可从呼气中闻到酸臭味。

（2）听声音　即听诊。听诊是利用听觉来判断羊体内脏器正常的和患病的声音。最常用的听诊部位为胸部（心、肺）和腹部（胃、肠）。听诊的方法有 2 种：一种是直接听诊，即将一块布铺在被检查的部位，然后把耳朵紧贴在上边，直接听羊体内的声音；另一种是间接听诊，即用听诊器听诊。不论用哪种方法听诊，都应当把病羊牵到清静的地方，以免受外界杂音的干扰。

① 心脏听诊。心脏跳动的声音，正常听诊时可听到"嘣→咚" 2 个交替发出的声音。"嘣"音，为心脏收缩时所产生的声音，其特点是低、钝、长、间隔时间短，叫作第一心音。"咚"音为心脏舒张时所产生的声音，其特点是高、锐、短、间隔时间长，叫作第二心音。第一、第二心音均增强，见于热性

病的初期；第一、第二心音均减弱，见于心脏机能障碍的后期或患有渗出性胸膜炎、心包炎；第一心音增强时，常伴有明显的心搏动增强和第二心音微弱，主要见于心脏衰弱的后期，排血量减少，动脉压下降；第二心音增强时，见于肺气肿、肺水肿、鼻炎等病理过程中。如果在正常心音以外听到其他杂音，多为瓣膜疾病、创伤性心包炎、胸膜炎等。

② 肺脏听诊。是听取肺脏在吸入和呼出空气时，由于肺脏振动而产生的声音。一般有下列 5 种。

肺泡呼吸音：健康羊吸气时，从肺部可听到"呋"的声音；呼气时，可以听到"呼"的声音，这称为肺泡呼吸音。肺泡呼吸音过强，多为支气管炎、黏膜肿胀等；过弱时，多为肺泡肿胀、肺泡气肿、渗出性胸膜炎等。

支气管呼吸音：是空气通过喉头狭窄部所发出的声音，类似"赫"的声音。如果在肺部听到这种声音，多为肺炎的病变，见于羊的传染性胸膜肺炎等病。

啰音：支气管发炎时，管内积有分泌物，被呼吸的气流冲动而发出的声音。啰音可分为干啰音和湿啰音 2 种。干啰音很复杂，有咚隆声、笛声、口哨声及猫鸣声等，多见于慢性支气管炎、慢性肺气肿、肺结核等；湿啰音类似含漱音、沸腾音或水疱破裂音，多发生于肺水肿、肺充血、肺出血、慢性肺炎等。

捻发音：这种声音像用手指捻毛发时所发出的声音，多见于慢性肺炎、肺水肿等。

摩擦音：一般有 2 种，一种为胸膜摩擦音，多发生在肺脏与胸膜之间，见于纤维素性胸膜炎、胸膜结核等。因为胸膜发炎，纤维素沉积，使胸膜变得粗糙，当呼吸时，互相摩擦而发出声音，这种声音像一只手贴在耳上，用另一只手的手指轻轻摩擦贴耳的手背所发出的声音。另一种为心包摩擦音，当发生纤维素性心包炎时，心包的两叶失去润滑性，因而伴随心脏的跳动两叶互相摩擦而发生杂音。

③ 腹部听诊。主要是听取腹部胃肠运动的声音。羊健康的时候，于左肷部可听到瘤胃蠕动音，呈逐渐增强又逐渐减弱的沙沙音，每 2 分钟可听到 3~6 次。羊患前胃迟缓或发热性疾病时，瘤胃蠕动音减弱或消失。羊的肠音，类似于流水声或漱口声，正常时较弱。在羊患肠炎初期，肠音亢进；便秘时，肠音消失。

3. 羊的问诊主要问什么?

问诊是通过询问畜主或饲养员,了解羊发病的有关情况。询问内容一般包括:发病时间,发病只数,病前和病后的异常表现,既往病史、治疗情况、免疫接种情况、饲养管理情况以及羊的年龄、性别等。但在听取其回答时,应考虑所谈情况与当事人的利害关系(责任),分析其可靠性。

4. 临床上,对羊病进行切诊的主要内容有哪些?

(1) 触诊　是指用手指或手指尖感触被检查的部位,并稍加压力,以便确定被检查的各个器官组织是否正常。触诊常用如下几种方法。

① 皮肤检查。主要检查皮肤的弹性、温度、有无肿胀和伤口等。羊只营养不好,或得过皮肤病,皮肤就没有弹性。羊只发高烧时,皮温会升高。

② 体温检查。一般用手触摸羊耳朵或把手插进羊嘴里去握住舌头,可以知道病羊是否发烧。但准确的方法采用体温表测量。在给病羊量体温时,先把体温表的水银柱甩下去,涂上油或水以后,再慢慢插入肛门里,体温表的1/3留在肛门外面,插入后滞留的时间一般为2~5分钟。羊的体温,一般幼羊比成年羊高一些,热天比冷天高一些,运动后比运动前高一些,这都是正常的生理现象。羊的正常体温是38~40℃。如高于正常体温,则为发热,常见于传染病。

③ 脉搏检查。用手触摸羊的颈外动脉或股内动脉,感知脉动的情况,即为脉搏检查。检查股内动脉时,检查者一只手(左手)握住羊的一侧后肢的下部,检手(右手)的食指及中指放于股内侧的股动脉上,拇指放于股外侧。健康羊的脉搏每分钟跳动70~80次,频率与心搏基本一致。

④ 体表淋巴结检查。主要检查颌下、肩前、膝上和乳房上淋巴结。当羊发生结核病、副结核病、羊链球菌病时,体表淋巴结往往肿大,其形状、硬度、温度、敏感性及活动性等也会发生变化。

⑤ 人工诱咳。检查者立在羊的左侧,用右手捏压气管前3个软骨环,羊患病时,就容易引起咳嗽。羊发生肺炎、胸膜炎、结核时,咳嗽低弱;发生喉炎及支气管炎时,则咳嗽强而有力。

（2）叩诊 叩诊就是敲打体表某一部位，根据所产生的音响性质来推断内部病理变化或某一器官的投影轮廓。一般是用左手食指或中指平放在被查部位，然后用右手中指由第二指节成直角弯曲，向左手食指或中指第二指节上敲打。叩诊的声音有清音、浊音、半浊音和鼓音。

清音，为叩诊健康羊胸廓所发出的持续高而清的声音；浊音，当羊胸腔积聚大量渗出液时，叩打胸壁出现水平浊音界；半浊音，介于清音与浊音之间的一种声音，叩诊含少量气体的组织，如肺缘，可发出此种声音，当羊患支气管肺炎时，肺泡含气量减少，叩诊呈半浊音；鼓音，叩诊瘤胃即发出的声音，若瘤胃臌气，则发出的鼓音增强。

5. 羊病群体检查的主要内容有哪些?

临床诊断时，羊的数量较多，不可能逐一进行检查时，应先作大群检查，从羊群中先剔出病羊和疑似病羊，然后再对其进行个体检查。运动、休息和采食饮水3种状态的检查，是对羊进行临床群体检查的三大环节；眼看、耳听、手摸、检温是对羊进行临床群体检查的主要方法。运用"看、听、摸、检"的方法通过"动、静、食"三态的检查，可以把大部分病羊从羊群中检查出来。运动时的检查，是在羊群的自然活动和人为驱赶活动时的检查，从不正常的动态中找出病羊。休息时的检查，是在保持羊群安静的情况下，进行看和听，以检出姿态和声音异常的羊。采食饮水时的检查，是在羊自然采食、饮水时进行的检查，以检出采食饮水有异常表现的羊。"三态"的检查可根据实际情况灵活运用。

（1）运动时的检查 首先观察羊的精神外貌和姿态步样。健康羊精神活泼，步态平稳，不离群，不掉队。而病羊多精神不振，沉郁或兴奋不安，步态跟跄，跛行，前肢软弱跪地或后肢麻痹，有时突然倒地发生痉挛等。应将其挑出作个体检查。其次，注意观察羊的天然孔及分泌物。健康羊鼻镜湿润，鼻孔、眼及嘴角干净；病羊则表现鼻镜干燥，鼻孔流出分泌物，有时鼻孔周围污染脏土杂物，眼角附着脓性分泌物，嘴角流出唾液，发现这样的羊，应将其剔出复检。

（2）休息时的检查 首先，有顺序地并尽可能地逐只观察羊的站立和躺卧姿态，健康羊吃饱后多合群卧地休息，时而进行反刍，当有人接近时常起身离去。病羊常独自呆立一侧，肌肉震颤及痉挛，或离群单卧，长时间不见其反勾，有人接近也不动。其次，与运动时的检查一样要注意羊的天然孔、分泌物及呼吸状态等。再次，注意被毛状态，如发现被毛有脱落之处，无毛部位有痘疹或痂皮时，以及听到磨牙、咳嗽或喷嚏声时，均应剔出来检查。

（3）采食饮水时的检查　是在放牧、喂饲或饮水时对羊的食欲及采食饮水状态进行的观察。健康羊在放牧时多走在前头，边走边吃草，饲喂时也多抢着吃；饮水时，多迅速奔向饮水处，争先喝水。病羊吃草时，多落在后边，时吃时停，或离群呆立不吃草；饮水时或不喝或暴饮，如发现这样的羊应予剔出复检。

6. 羊的消化系统疾病的诊断要点有哪些？

（1）食欲及饮水　食欲的好坏和饲料的性质、种类，以及是否突然变换等有关系，此外和羊只的个性也有关系。食量减少是病羊首先表现出来的重要症状之一，常见于一般的疾病和热性病。胃的各种疾病均有食欲减少的表现：食量不定，多为慢性消化器官疾病；从食欲废绝转为开始吃一点，表现疾病有所好转；如果病羊从食量减少转为食欲废绝，则表现病势在加重；羊异嗜，例如，砖、木、石等可能是缺乏某些矿物质或维生素；大量失水的疾病如呕吐、下泻等，病羊饮水增加。病羊体温升高，常常喜饮少量的水；一直不饮水，一般预后不良。如在疾病过程中饮水逐渐恢复，则为疾病好转的现象。

（2）呕吐　羊一次呕吐大量正常胃内容物，并在短时间之内不再呕吐的，常为过食现象。吃食后，迅速发生呕吐，多见于胃的疾病。在吃食后，经过较长的时间发生呕吐，可能是肠阻塞。呕吐物中有血液，多见于出血性胃炎及牛羊传染性疾病等。十二指肠阻塞时，呕吐物常被胆汁染成黄色。大肠阻塞时，呕吐物类似粪便。

（3）口腔检查　检查时用木棒或开口器张开羊嘴。像喉头炎、口腔溃烂、发炎、牙齿不平、缺牙或多生了牙，舌头有破伤等，把嘴打开就能看清。如吃草咀嚼慢，有时把食物吐出来又吃进去，多半是口腔发炎，或牙齿有病的缘故。有的羊咽饲料时很困难，甚至不能咽下，吃的东西和喝的水常常从鼻孔里流出来，这可能是喉头发炎的缘故。如口腔发炎和红肿，检查嘴里是否有带刺的东西刺在口腔里，或齿形不正，把颊和舌头弄伤。羊患口蹄疫时，常常唇及口腔发现水疱。口腔内有出血点或溃疡，常见于羊坏死杆菌病。患坏死性口炎，俗称"白喉"，多见于羔羊。在口腔黏膜、舌和扁桃体发生坏死，并向深部组织发展，口腔内舌背上常有一层灰黄色等色的舌苔。平常发生口炎、口蹄疫及破伤风等病时，牛、羊的牙关紧闭，不易将嘴打开，一般要用开口器来打开，才能检查口腔内的情况。

（4）腹部检查　牛羊的腹部触诊可检查、判断和确定腹壁的感觉和健康程度。腹部膨胀，见于怀孕、积气、积食和积液。腹部检查一般用听诊器。如没有听诊器，可直接把耳朵贴在腹部听，正常时，可以听到"咕噜咕噜"的肠蠕动的声音，右侧比左侧要响一些。患肠阻塞的羊，蠕动的声音减少或根本没有。患肠炎或吃了轻泻剂后，蠕动音加强。肠子臌气，气体在肠子里排不出去，蠕动的声音像敲铜片似的。用听诊器听健康羊的小肠音如同流水或漱口的音响，大肠音响如鸣炮或雷鸣的"咕噜咕噜"音响；当发生肠炎时，肠音响亮而快，连续不断；发生便秘时，肠音短而稀少，甚至完全听不见。

（5）粪便检查　健康羊粪便的性状与饲料有一定关系。健康羊每天排12~18次，粪便颜色要看吃的是什么草，青草多，粪便就呈绿色；干草多，粪便就呈棕黄色，如果次数和颜色不正常，过干或过稀，发生血粪、恶臭或酸的气味，都是患病的表现。粪便内发现黏液、假膜、脓汁、血液及寄生虫等都具有重大诊断意义。正常粪便表面附着微薄的黏液，当长期便秘时，粪便表面黏液层增厚。当肠阻塞时，黏液量特别增多。当患坏死性肠炎时，随粪便排出假膜。当直肠有化脓病灶时，粪便混有脓液。粪便血液来源判断：来源于前部肠管的颜色黑暗，来源于直肠的颜色鲜红。粪便内混有泡沫，是肠内发酵腐败的现象。羊在患病的情况下，病初粪便变形，不成固有的圆形，而似猪粪或牛粪状，继而变为粥状，排粪次数有增加。如病情加剧，泻粪如水样，夹粗渣，味腥、恶臭或有酸的气味，多半为消化不良或有寒痢病，如尾及后肢被粪液沾污，毛丝臁吊，喜卧少立，黏膜黄白，脉细弱等。如是热痢：粪便恶臭，稀溏带红白脓样黏液。臀部、尾根、后肢沾满粪便；严重时大便失禁，神昏如痴。

🖋 7. 病羊不同组织、器官的解剖病理学观察重点有哪些？

病羊解剖病理学观察是诊断羊病，确定病原或病因的基本手段，通过观察相关器官的病变情况，结合外观检查可以做出初步的诊断，为疾病确诊和治疗提供依据。一般来讲，不同组织器官的检查要点各有侧重。

（1）皮下检查　在剥皮过程中进行，要注意检查皮下有无出血、水肿、脱水、炎症和脓肿，并观察皮下脂肪组织的多少、颜色、性状及病理变化性质等。

（2）淋巴结　要特别注意颌下淋巴结、颈浅淋巴结、髂下淋巴结、肠系膜淋巴结、肺门淋巴结等的检查。注意检查其大小、颜色、硬度，与其周围组织的关系及横切面的变化。

（3）肺脏　首先注意其大小、色泽、重量、质感、弹性、有无病灶及表面附着物等；然后用剪刀将支气管剪开，注意检查支气管黏膜的色泽、表面附着物的数量、黏稠度；最后将整个肺脏纵横切割数刀，观察切面有无病变，切面流出物的数量、色泽变化等。

（4）心脏　先检查心脏纵沟、冠状沟的脂肪量和性状，有无出血；然后检查心脏的外形、大小、色泽及心外膜的性状；最后切开心脏检查心腔。沿左侧纵沟切开右心室及肺动脉，同样，再切开左心室及主动脉。检查心腔内血液的性状，心内膜、心瓣膜是否光滑，有无变形、增厚，心肌的色泽、质感，心壁的厚薄等。

（5）脾脏　脾脏摘出后，注意其形态、大小、质感；然后纵行切开，检查脾小梁、脾髓的颜色，红、白髓的比例，脾髓是否容易刮脱。

（6）肝脏　先检查肝门部的动脉、静脉、胆管和淋巴结；然后检查肝脏的形态、大小、色泽、包膜性状，有无出血、结节、坏死等；最后切开肝组织，观察切面的色泽、质感和含血量等情况。注意切面是否隆突，肝小叶结构是否清晰，有无脓肿、寄生虫性结节和坏死等。

（7）肾脏　先检查肾脏的形态、大小、色泽和质感；然后由肾的外侧面向肾门部将肾脏纵切为相等的两半，检查包膜是否容易剥离，肾表面是否光滑，皮质和髓质的颜色、质感、比例、结构，肾盂黏膜及肾盂内有无结石等。

（8）胃的检查　检查胃的大小、质感，浆膜的色泽，有无粘连、胃壁有无破裂和穿孔等。特别要注意网胃有无创伤，是否与膈相粘连。如果没有粘连，可将瘤胃、网胃、瓣胃、皱胃之间的联系分离，使4个胃展开。然后沿皱胃小弯与瓣胃、网胃大弯剪开；瘤胃则沿背缘和腹缘剪开，检查胃内容物及黏膜的情况。

（9）肠管的检查　从十二指肠、空肠、回肠、大肠、直肠分段进行检查。在检查时，先检查肠管浆膜面的情况，然后沿肠系膜附着处剪开肠腔，检查肠内容物及黏膜情况。

（10）骨盆腔器官的检查　公羊生殖系统的检查，从腹侧剪开膀胱、尿管、阴茎，检查输尿管开口及膀胱、尿道黏膜，尿道中有无结石，包皮、龟头有无异常分泌物；切开睾丸及副性腺检查有无异常。母羊生殖系统的检查，沿腹侧剪开膀胱，沿背侧剪开子宫及阴道，检查黏膜、内腔有无异常；检查卵巢形状，卵泡、黄体的发育情况，输卵管是否扩张等。

（11）脑的检查　打开颅腔之后，先检查硬脑膜有无充血、出血和淤血；然后切开大脑，检查脉络丛的性状和脑室有无积水；最后横切脑组织，检查有无出血及溶解性坏死等变化。

 ## 8. 如何采集病料？

羊群发生疑似传染病时，应采取病料并送有关诊断实验室检验。

（1）剖检前检查　凡发现羊急性死亡时，必须先用显微镜检查其末梢血液抹片中有无炭疽杆菌存在。如怀疑是炭疽，则不可随意剖检，只有在确定不是炭疽时，方可进行剖检。

（2）取材时间　内脏病料的采取，须于死亡后立即进行，最好不超过6小时，否则时间过长，由于肠内侵入其他细菌，易使尸体腐败，影响病原微生物检出的准确性。

（3）器械的消毒　刀、剪、镊子、注射器、针头等应煮沸30分钟。器皿（玻璃制、陶制、珐琅制等）可用高压灭菌或干烤灭菌。软木塞、橡皮塞置于0.5%石炭酸水溶液中煮沸10分钟。采取1种病料，使用1套器械和容器，不可混用。

（4）病料采集　采取应根据不同的传染病，相应地采取该病常侵害的脏器或内容物。如败血性传染病可采取心、肝、脾、肺、肾、淋巴结、胃、肠等；肠毒血症采取小肠及其内容物；有神经症状的传染病采取脑、脊髓等。如无法估计是哪种传染病，可进行全面采集。检查血清抗体时，采集血液，凝固后析出血清，将血清装入灭菌小瓶送检。为了避免杂菌污染，病变检查应待病料采集完毕后再进行。各种组织及液体的病料采取方法如下。

①脓汁。用灭菌注射器或吸管抽取或吸出脓肿深部的脓汁，置于灭菌试管中。若为开口的化脓灶或鼻腔时，则用无菌棉签浸蘸后，放在灭菌试管中。

②淋巴结及内脏。将淋巴结、肺、肝、脾及肾等有病变的部位各采取1~2厘米^{3}的组织块，分别置于灭菌试管或平皿中。若为供病理组织切片的材料，应将典型病变部分及相连的健康组织一并切取，组织块的大小每边约2厘米，同时要避免使用金属容器，尤其是当病料供色素检查时（如马传贫、马脑炎及焦虫病等），更应注意。

③ 血液。血清：以无菌操作吸取血液 10 毫升，置于灭菌试管中，待血液凝固（经 1~2 天）析出血清后，吸出血清置于另一灭菌试管内，如供血清学反应时，可于每毫升中加入 5% 石炭酸水溶液 1~2 滴。

全血：采取 10 毫升全血，立即注入盛有 5% 柠檬酸钠 1 毫升的灭菌试管中，搓转混合片刻后即可。

心血：心血通常在右心房处采取，先用烧红的铁片或刀片烙烫心肌表面，然后用灭菌的尖刃外科刀自烙烫处刺一小孔，再用灭菌吸管或注射器吸出血液，盛于灭菌试管中。

④ 乳汁。乳房先用消毒药水洗净（取乳者的手亦应事先消毒），并把乳房附近的毛刷湿，最初所挤的 3~4 股乳汁弃去，然后再采集 10 毫升左右乳汁于灭菌试管中。若仅供显微镜直接染色检查，则可于其中加入 0.5% 的福尔马林液。

⑤ 胆汁。先用烧红的刀片或铁片烙烫胆囊表面，再用灭菌吸管或注射器刺入胆囊内吸取胆汁，盛于灭菌试管中。

⑥ 肠。用烧红刀片或铁片将欲采取的肠表面烙烫后穿一小孔，持灭菌棉签插入肠内，以便采取肠管黏膜或其内容物；亦可用线扎紧一段肠道（约 6 厘米）两端，然后将两端切断，置于灭菌器皿内。

⑦ 皮肤。取大小约 10 厘米×10 厘米的皮肤一块，保存于 30% 甘油缓冲溶液中，或 10% 饱和盐水溶液中，或 10% 福尔马林液中。

⑧ 胎儿。将流产后的整个胎儿，用塑料薄膜、油布或数层不透水的油纸包紧，装入木箱内，立即送往实验室。

⑨ 骨头。需要完整的骨头标本时，应将附着的肌肉和韧带等全部除去，表面撒上食盐，然后包于浸过 5% 石炭酸水或 0.1% 升汞液的纱布或麻布中，装于木箱内送到实验室。

⑩ 脑、脊髓。如采取脑、脊髓作病毒检查，可将脑、脊髓浸入 50% 甘油盐水液中或将整个头部割下，包入浸过 0.1% 升汞液的纱布或油布中，装入木箱或铁桶中送检。

供显微镜检查用的脓汁、血液及黏液，可用载玻片作成抹片，可按下述推片固定法制作：先将材料置于载玻片上，再用灭菌玻璃棒均匀涂抹或以另一玻片一端的边缘与载玻片成 45° 角推抹。用组织块作触片时，可持小镊子将组织块的游离面在载玻片上轻轻涂抹就可以。也可在两块玻片之间靠近两端边沿处各垫一根火柴棍或牙签，以免抹片或触片上的病料互相接触。如玻片有多张，可按上法依次垫火柴棍或牙签重叠起来，最上面的一张玻片上的涂、抹面应朝下，最后用细线包扎，玻片上应注明编码，并另附说明。

 9. 病料送检应注意什么事项？

病料送检时，要特别注意病料的合理保存和运送。

（1）**病料的保存** 病料采集后，如不能立即检验，或需送往有关单位检验，应当装入容器并加入适量的保存剂，使病料尽量保持新鲜状态。

①细菌检验材料的保存。将脏器组织块保存于装有饱和氯化钠溶液或30%甘油缓冲盐水的容器中，容器加塞封固。病料如为液体，可装在封闭的毛细玻管或试管中运送。饱和氯化钠溶液的配制方法是：蒸馏水100毫升、氯化钠38~39克，充分搅拌溶解后，用数层纱布过滤，高压灭菌后备用。30%甘油缓冲盐水溶液的配制方法是：中性甘油30毫升、氯化钠0.5克、碱性磷酸钠1克，加蒸馏水至100毫升，混合后高压灭菌备用。

②病毒检验材料的保存。将脏器组织块保存于装有50%甘油缓冲盐水或鸡蛋生理盐水的容器中，容器加塞封固。50%甘油缓冲盐水溶液的配制方法是：氯化钠2.5克、酸性磷酸钠0.46克、碱性磷酸钠10.74克，溶于100毫升中性蒸馏水中，加纯中性甘油150毫升、中性蒸馏水50毫升，混合分装后，高压灭菌备用。鸡蛋生理盐水的配制方法是：先将新鲜鸡蛋表面用碘酒消毒，然后打开将内容物倾入灭菌容器内，按全蛋9份加入灭菌生理盐水1份，摇匀后用灭菌纱布过滤，再加热至56~58℃，持续30分钟，第2天及第3天按上法再加热1次，即可应用。

③病理组织学检验材料的保存。将脏器组织块放入10%福尔马林溶液或95%酒精中固定；固定液的用量应为送检病料的10倍以上。如用10%福尔马林溶液固定，应在24小时后换新鲜溶液1次。严寒季节为防病料冻结，可将上述固定好的组织块取出，保存于甘油和10%福尔马林等量混合液中。

（2）**病料的运送** 装病料的容器要一一标号，详细记录，并附病料送检单。病料包装要求安全稳妥，对于危险材料、怕热或怕冻的材料要分别采取措施。一般供病原学检验的材料怕热，供病理学检验的材料怕冻。前者应放入加有冰块的保温瓶内送检，如无冰块，可在保温瓶内放入氯化铝450~500克，加水1 500毫升，上层放病料，这样能使保温瓶内保持0℃达24小时。包装好的病料要尽快运送，长途以空运为宜。

10. 病料的细菌学检验有哪些常用方法？

（1）涂片镜检　将病料涂于清洁无油污的载玻片上，干燥后在酒精灯火焰上固定，选用单染色法（如美蓝染色法）、革兰氏染色法、抗酸染色法或其他特殊染色法染色镜检，根据所观察到的细菌形态特征，作出初步诊断或确定进一步检验的步骤。

（2）分离培养　根据所怀疑传染病病原菌的特点，将病料接种于适宜的细菌培养基上，在一定温度（常为37℃）下进行培养，获得纯培养菌后，再用特殊的培养基培养，进行细菌的形态学、培养特征、生化特性、致病力和抗原特性鉴定。

（3）动物实验　用灭菌生理盐水将病料做成1∶10悬液，或利用分离培养获得的细菌液感染实验动物，如小白鼠、大白鼠、豚鼠、家兔等。感染方法可用皮下、肌内、腹腔、静脉或脑内注射。感染后按常规隔离饲养管理，注意观察，有时还须对某种实验动物测量体温；如有死亡，应立即进行剖检及细菌学检查。

 11. 怎样进行病料的病毒学检验？

（1）样品处理检验　病毒的样品，要先除去其中的组织和可能污染的杂菌。其方法是以无菌手段取出病料组织，用磷酸缓冲液反复洗涤3次，然后将组织剪碎、研细，加磷酸缓冲液制成1∶10悬液（血液或渗出液可直接制成1∶10悬液），以每分钟2 000~3 000转的速度离心沉淀15分钟，取出上清液，每毫升加入青霉素和链霉素各1 000单位，置冰箱中备用。

（2）分离培养　病毒不能在无生命的细菌培养基上生长，因此，要把样品接种到鸡胚或细胞培养物上进行培养。对分离到的病毒，用电子显微镜检查、血清学试验及动物实验等方法进行理化学和生物学特性的鉴定。

（3）动物实验　将上述方法处理过的待检样品或经分离培养得到的病毒液，接种易感动物，其方法与细菌学检验中的动物实验相同。

12. 羊寄生虫病的常用检验方法有哪些？

羊寄生虫病的种类很多，但其临床症状除少数外都不够明显。因此，羊寄生虫病的生前诊断往往需要进行实验室检验。常用的方法有以下几种。

（1）粪便检查　羊患蠕虫病后，其粪便中可排出蠕虫的卵、幼虫、虫体及其片段，某些原虫的卵囊、包囊也可通过粪便排出。因此，粪便检查是寄生虫病生前诊断的一个重要手段。检查时，粪便应从羊的直肠挖取，或用刚刚排出的粪便。检查粪便中虫卵常用的方法如下。

① 直接涂片法。在洁净无油污的载玻片上滴 1~2 滴清水，用火柴棒蘸取少量粪便放入其中，涂匀，剔去粗渣，盖上盖玻片，置于显微镜下检查。此法快速简便，但检出率很低，最好多检查几个标本。

② 漂浮法。取羊粪 10 克，加少量饱和盐水，用小棒将粪球捣碎，再加几倍量的饱和盐水搅匀，以 60 目铜筛过滤，静置 30 分钟，用直径 5~10 毫米的铁丝圈，与液面平行接触，蘸取表面液膜，抖落于载玻片上并覆盖盖玻片，置于显微镜下检查。该法能查出多数种类的线虫卵和一些绦虫卵，但对相对密度大于饱和盐水的吸虫卵和棘头虫卵，效果不大。

③ 沉淀法。取羊粪 5~10 克，放在 200 毫升容量的烧杯内，加入少量清水，用小棒将粪球捣碎，再加 5 倍量的清水调制成糊状，用 60 目铜筛过滤，静置 15 分钟，弃去上清液，保留沉渣。再加满清水，放置 15 分钟，弃去上清液，保留沉渣。如此反复 3~4 次，最后将沉渣涂于载玻片上，置显微镜下检查。此法主要用于诊断虫卵相对密度大的羊吸虫病。

（2）虫体检查

① 蠕虫虫体检查。将羊粪数克盛于盆内，加 10 倍量生理盐水，搅拌均匀，静置沉淀 20 分钟，弃去上清液。再于沉淀物中重新加入生理盐水，搅匀，静置后弃去上清液；如此反复 2~3 次。最后取少量沉淀物置于黑色背景上，用放大镜寻找虫体。

② 蠕虫幼虫检查法。取羊粪球 3~10 个，放在平皿内，加入适量 40℃的温水，10~15 分钟后取出粪球，将留下的液体放在低倍显微镜下检查。蠕虫幼虫常集中于羊粪球表面而易于从粪球表面转移到温水中而被检查出来。

③ 螨检查法。在羊体患部，先去掉干硬的痂皮，然后用小刀刮取一些皮屑，放在烧杯内，加适量的 10% 氢氧化钾溶液，微微加温，20 分钟后待皮屑

溶解，取沉渣镜检。

13. 怎么对羊实施保定？

在了解羊习性的基础上，视个体情况，尽可能在其自然状态进行检查。必要时，可采取一定的保定措施，以便于检查和处理，保证人、畜安全。接近羊只时，要胆大、心细、温和、注意安全。检查者应先向其发出欲接近的信号，然后从其侧前方徐徐接近。接近后，可用手轻轻抚摸其颈部或臀部，使其保持安静、温顺状态。

（1）物理保定法

① 握角骑跨夹持保定法。保定者两手握住羊的两角或头部，骑跨羊身，以大腿内侧夹持羊两侧胸壁即可保定。适用于临床检查或治疗时的保定。

② 两手围抱保定法。保定者从羊胸侧用两手分别围抱其前胸或股后部加以保定。羔羊保定时，保定者坐着抱住羔羊，羊背向保定者，头朝上，臀部向下，两手分别握住前后肢。适用于一般检查或治疗时的保定。

③ 侧卧保定法。保定大羊时，保定者俯身从对侧一手抓住两前肢系部或一前肢臂部，另一手抓住腹肋部膝前皱襞处扳倒羊体，然后，另一手改为抓住两后肢系部，前后一起按住即可。为了保定牢靠，可用绳将四肢捆绑在一起。适用于治疗或简单手术时的保定。

④ 倒立式保定法。保定者骑跨在羊颈部，面向后，两腿夹紧羊体，弯腰，用手将两后肢提起。适用于阉割、后躯检查等。

根据不同的检查需要，也可以采取单人徒手保定法、双人徒手保定法、栏架保定法和手术床保定法等。

（2）化学保定法　又称化学药物麻醉保定法。指应用化学试剂，使动物暂时失去运动能力，以便于技术人员对其接近捕捉、运输和诊治的一种保定方法。羊常用的药物和剂量（毫克/千克体重）为：静松灵 1.3～3.0，氯胺酮 20.0～40.0，司可林（氯化琥珀胆碱）2.0。化学保定剂一般作肌内注射，剂量一定要计算准确。

14. 什么是注射给药法？如何操作？

注射给药法是将无菌药液注入羊的体内。

注射前，要将注射器和针头用清水洗净，煮沸 30 分钟。注射器吸入药液后要直立推进注射器活塞，排出管内气泡，再进行注射。

（1）皮下注射给药法　即把药液注射到羊的皮肤和肌肉之间。羊皮下注射的部位在颈部或股内侧皮肤松软处。注射时，先把注射部位的毛剪净，涂上碘酒，用左手捏起注射部位皮肤，右手持注射器，将针头斜向刺入皮肤，如针头能左右自由活动，即可注入药液；注毕，拔出针头，在注射点上涂擦碘酒。

凡易于溶解又无刺激性的药物及疫苗等，均可进行皮下注射。

（2）皮内注射给药法　主要用于皮内变态反应诊断，常在羊的颈部两侧部位，局部剪毛，碘酊消毒后，使用小号针头，以左手大拇指和食指、中指绷紧皮肤，右手持注射器，使针头几乎与注射部位的皮面呈平行方向刺入，至针头斜面完全进入皮内后，放松左手，以针头与针筒交接处压迫固定针头，右手注入药液，至皮肤表面形成一个小圆形丘疹即可。

（3）肌内注射给药法　是将灭菌的药液注入肌肉比较多的部位。羊的注射部位是在颈部。注射方法基本上与皮下注射相同，不同之处是，注射时以左手拇指、食指成"八"字形压住所要注射部位的肌肉，右手持注射器将针头向肌肉组织内垂直刺入，即可注药。一般刺激性小、吸收缓慢的药液，如青霉素等，均可采用肌内注射。

（4）静脉注射给药法　是将无菌药液直接注射到静脉内，使药液随血流很快分布到全身，迅速发生药效。羊的注射部位是颈静脉。注射方法是将注射部位的毛剪净，涂上碘酒，先用左手按压静脉靠近心脏的一端，使其怒张，右手持注射器，将针头向上刺入静脉内，如有血液回流，则表示已插入静脉内，然后用右手推动活塞，将药液注入；药液注射完毕后，左手按住刺入孔，右手拔针，在注射处涂擦碘酒即可，如药液量大，也可使用静脉输入器，其注射分 2 步进行：先将针头刺入静脉，再接上静脉输入器。凡输液（如生理盐水、葡萄糖溶液等）以及药物刺激性大，不宜皮下或肌内注射的药物（如九一四、氯化钙等），多采用静脉注射。

（5）气管注射给药法　将药液直接注入气管内。注射时，多取侧卧保定，且头高臀低；将针头穿过气管软骨环之间，垂直刺入，摇动针头，若感觉针头确已进入气管，接上注射器，抽动活塞，见有气泡，即可将药液缓缓注入。如欲使药液流入两侧肺中，则应注射2次，第2次注射时，须将羊翻转，卧于另一侧。本法适用于治疗气管、支气管和肺部疾病，也常用于肺部驱虫（如羊肺线虫病）。

（6）瘤胃穿刺给药法　当羊发生瘤胃膨气时，可采用本法（详见瘤胃穿刺）。

15. 口服给药有哪些途径？怎样操作？

（1）混饲给药　将药物均匀混入饲料中，让羊吃料时能同时吃进药物。此法简便易行，适用于长期投药，不溶于水的药物用此法更为恰当。

应用此法时，要注意药物与饲料的混合必须均匀，并应准确掌握饲料中药物所占的比例。为保证均匀混合，可先把所需药物混入少量饲料中，然后把这些饲料再混入全部饲料中，用铁锹反复拌匀。有些药适口性差，混饲给药时要少添多喂。

（2）混水给药　将药物溶解于水中，让羊只自由饮用。有些疫苗也可用此法投服。对患病不能进食但还能饮水的羊，此法尤其适用。

采用此法须注意根据羊可能饮水的量，来计算药量与药液浓度。在给药前，一般应停止饮水半天，以保证每只羊都能饮到一定量的水。所用药物应易溶于水。有些药物在水中时间长了破坏变质，此时应限时饮用药液，以防止药物失效。

（3）长颈瓶给药法　当给羊灌服稀药液时，可将药液倒入细口长颈的玻璃瓶、塑料瓶或一般的酒瓶中，抬高羊的嘴巴，给药者右手拿药瓶，左手用食、中二指自羊右口角伸入口内，轻轻压迫舌头，羊口即张开；然后，右手将药瓶口从左口角伸入羊口中，并将左手抽出，待瓶口伸到舌头中段，即抬高瓶底，将药液灌入。

（4）药板给药法　专用于给羊服用舔剂。舔剂不流动，在口腔中不会向咽部滑动，因而不致发生误咽。给药时，用竹制或木制的药板。给药者站在羊的右侧，左手将开口器放入羊口中，右手持药板，用药板前部刮取药物，从右口角伸入口内到达舌根部，将药板翻转，轻轻按压，并向后抽出，把药抹在舌根部，待羊下咽后，再抹第二次，如此反复进行，直到把药给完。

16. 胃管给药法如何操作？

胃管给药是借助胃管，将药物送进胃内。有2条途径：经鼻腔和经口腔。

（1）经鼻腔插入 先将胃管插入鼻孔，沿下鼻道慢慢送入，到达咽部时，有阻挡感觉，待羊进行吞咽动作时趁机送入食道，如不吞咽，可轻轻来回抽动胃管，诱发吞咽。胃管通过咽部后，如进入食道，继续深送会感到稍有阻力，这时要向胃管内用力吹气，如见左侧颈沟有起伏，表示胃管已进入食道。如胃管误入气管，多数羊会表现不安，咳嗽，继续深送，毫无阻力，向胃管吹气，左侧颈沟看不到波动，用手在左侧颈沟胸腔入口处摸不到胃管，同时胃管末端有与呼吸一致的气流出现。此时应将胃管抽出，重新插入。如胃管已入食道，继续深送，即可到达胃内，此时从胃管内排出酸臭气味，将胃管放低时则流出胃内容物。

（2）经口腔插入 先装好木质开口器，用绳固定在羊头部，将胃管通过木质开口器的中间孔，沿上腭直插入咽部，借吞咽动作胃管可顺利进入食道，继续深送，胃管即可到达胃内。胃管插入正确后，即可接上漏斗灌药。药液灌完后，再灌少量清水，然后取掉漏斗，往胃管内吹气，使胃管内残留的液体完全入胃，然后折叠胃管，慢慢抽出。该法适用于灌服大量水剂及有刺激性的药液。患有咽炎、咽喉炎和咳嗽严重的病羊，不可用胃管灌药。

17. 什么是群体给药？

为了预防或治疗羊的传染病和寄生虫病以及促进发育、生长等，常常对羊群体施用药物，如抗菌药（四环素类抗生素、磺胺类药等）、驱虫药（如硫苯咪唑等）、饲料添加剂、微生态制剂（如促菌生、调痢生等）等。大群用药前，最好先做小批的药物毒性及药效试验。

18. 气雾给药有什么作用？

将药物以气雾剂的形式喷出，让羊经呼吸道吸入而在呼吸道发挥局部作用，或使药物经肺泡吸收进入血液而发挥全身治疗作用。若喷雾于皮肤或黏膜表面，则可发挥保护创面、消毒、局麻、止血等局部作用。本法也可供室内空气消毒和杀虫之用。气雾吸入要求药物对羊呼吸道无刺激性，且药物应能溶于呼吸道的分泌液中。

 19. 怎样给羊进行药浴？

为预防和驱除羊体外寄生虫，避免疥癣发生，每年应在羊剪毛后 10 天左右，彻底药浴 1 次。

（1）常用的药浴液　敌百虫（2%溶液）、速灭杀丁（80~200 毫克/升）、溴氰菊酯（50~80 毫克/升），也可用石硫合剂（生石灰 7.5 千克、硫黄粉末 12.5 千克，加水 150 千克拌成糊状、煮沸，边煮边拌，煮至浓茶色为止，沥去沉渣，取上清液加温水 500 千克即可）。也可用 50%的锌硫磷乳油，这是一种新的低毒高效农药，效果很好。配制方法：100 千克水加 50 克锌硫磷乳油，有效浓度为 0.05%，水温为 25~30℃，洗羊 1~2 分钟。每 50 克乳油可药浴 14 只羊，第 1 次洗过后 1 周，再洗 1 次即可。

（2）药浴方法

① 盆浴。盆浴的器具可用木桶或水缸等，先按要求配制好浴液（水温在 30℃左右）。药浴时，最好由 2 人操作，一人抓住羊的两前肢，另一人抓住羊的两后肢，让羊腹部向上。除头部外，将羊体在药液中浸泡 2~3 分钟；然后，将头部急速浸 2~3 次，每次 1~2 秒即可。

② 池浴。此方法需在特设的药浴池里进行。最常用的药浴池为水泥建筑的沟形池，进口处为一广场，羊群药浴前集中在这里等候。由广场通过一狭道至浴池，使羊缓缓进入。浴池进口做成斜坡，羊由此滑入，慢慢通过浴池。池深 1 米多，长 10 米，池底宽 30~60 厘米，上宽 60~100 厘米，羊只能通过而不能转身即可。药浴时，人站在浴池两边，用压扶杆控制羊，勿使其漂浮或沉没。羊群浴后应在出口处（出口处为一倾向浴池的斜面）稍作停留，使羊身上流下的药液可回流到池中。

③ 淋浴。在特设的淋浴场进行，优点是容量大、速度快、比较安全。淋浴前先清洗好淋浴场，并检查确保机械运转正常即可试淋。淋浴时，把羊群赶入淋浴场，开动水泵喷淋。经 3 分钟左右，全部羊只都淋透全身后关闭水泵。将淋过的羊赶入滤液栏中，经 3~5 分钟后放出。池浴和淋浴适用于有条件的

羊场和大的专业户；盆浴则适于养羊少、羊群不大的养羊户使用。

20. 羊只药浴时应注意哪些问题？

① 药浴应选择晴朗无大风天气，药浴前 8 小时停止放牧或喂料，药浴前 2~3 小时给羊饮足水，以免药浴时吞饮药液。

② 先浴健康的羊，后浴有皮肤病的羊。

③ 药浴完，羊离开滴流台或滤液栏后，应放入晾棚或宽敞的羊舍内，免受日光照射，过 6~8 小时后可以喂饮或放牧。

④ 妊娠 2 个月以上的母羊不进行药浴，可在产后一次性皮下注射阿维速克长效注射液进行防治，安全、方便、疗效高，杀螨驱虫效果显著，保护期长达 110 天以上。也可采用阿维菌素或伊维菌素药物防治。

⑤ 工作人员应带好口罩和橡皮手套，以防中毒。

⑥ 对病羊或有外伤的羊，以及妊娠 2 个月以上的母羊，可暂时不药浴。

⑦ 药浴后让羊只在回流台停留 5 分钟左右，将身上余药滴回药池。然后赶到阴凉处休息 1~2 小时，并在附近放牧。

⑧ 当天晚上，应派人值班，对出现有个别中毒症状的羊只及时救治。

21. 怎样给羊进行灌肠？

灌肠是将药物配成液体，直接灌入直肠内。羊可用小橡皮管灌肠。先将直肠内的粪便清除，然后在橡皮管前端涂上凡士林，缓慢插入直肠内，把连接橡皮管的盛药容器提高到羊的背部以上。灌肠完毕后，拔出橡皮管，用手压住肛门或拍打尾根部。灌肠的温度，应与体温一致。

22. 公羊如何去势？

凡不作种用的公羔在出生后 2~3 周应去势。给羊去势的方法大体有 4 种。

（1）手术切除法 操作时将公羔半仰半蹲地保定在木凳上，用左手将羊的睾丸挤到其阴囊底部，右手持消毒的手术刀在羊的阴囊底部做一切口，切口长度以能挤出睾丸为度，轻轻挤出两侧睾丸，撕断精索。也可以在羊阴囊的侧下方切口，挤出一侧睾丸后将阴囊的纵隔从内部切开，再挤出另一侧睾丸，然后将伤口用碘酊消毒或撒上磺胺粉，让其自愈。

（2）结扎法 先将公羔的睾丸挤到阴囊底部，然后用橡皮筋或细绳将阴囊的上部紧紧扎住，以阻断血液流通。经过10~15天，其睾丸及阴囊便自行萎缩脱落。此法简单易行、无出血、无感染。

（3）去势钳法 使用专用的去势钳在公羔的阴囊上部将精索夹断，睾丸便逐渐萎缩。该方法快速有效，但操作者要有一定的经验。

（4）药物去势法 操作人员一手将公羔的睾丸挤到阴囊底部，并对其阴囊顶部与睾丸对应处消毒，另一手拿吸有消睾注射液的注射器，从睾丸顶部顺睾丸长径方向平行进针，扎入睾丸实质，针尖抵达睾丸下1/3处时慢慢注射。边注射边退针，使药液停留于睾丸中1/3处。依同法做另一侧睾丸注射。公羔注射后的睾丸呈膨胀状态，所以切勿挤压，以防药物外溢。药物的注射量为0.5~1毫升/只，注射时最好用9号针头。

23. 什么是穿刺术？

穿刺术是使用特制的穿刺器具（如套管针、肝脏穿刺器、骨髓穿刺器等），刺入病羊体腔、脏器或髓腔内，排出内容物或气体，或注入药液以达到治疗目的。也可通过穿刺采取病羊体某一特定器官或组织的病理材料。提供实验室可检病料，有助于确诊。但是，穿刺术在实施中有损伤组织，并有引起局部感染的可能，故应用时必须慎重。

应用穿刺器具均应严密消毒，干燥备用。在操作中要严格遵守无菌操作和安全措施，才能取得良好的结果。手术动物一般站立保定，必要时，可行侧卧保定。手术部位剪毛、消毒。

24. 如何进行瘤胃穿刺？

瘤胃穿刺用于瘤胃急性膨气时的急救排气和向瘤胃内注入药液。

（1）穿刺部位 在左侧肷窝部，由髋结节向最后肋骨所引水平线的中点，距腰椎横突10~12厘米处。也可选在瘤胃隆起最高点穿刺。

（2）穿刺方法 羊可用一般静脉注射针头，或用细套管针。术部剪毛消毒，右手持注射针头或套管针向对侧肘头方向迅速刺入 10 ~ 12 厘米。左手按压固定针头或套管，拔出内针，用手指堵住管口，间歇放气，使瘤胃内的气体间断排出。若套管堵塞，可插入内针疏通。气体排出后，为防止复发，可经针头或套管向瘤胃内注入止酵剂和消沫剂。注完药液插入内针，同时，用力压住皮肤，拔出针头或套管针，局部消毒。必要时以碘仿火棉胶封闭穿刺孔。

在紧急情况下，无套管针或注射针头时，可就地取材（如竹管、鹅翎等）进行穿刺，以挽救病羊生命，然后再采取抗感染措施。

（3）注意事项 放气速度不宜过快，防止发生急性脑贫血，造成虚脱，同时，注意观察病羊的表现。根据病情，为了防止臌气继续发展，避免重复穿刺，可将套管针固定，留置一定时间后再拔出；穿刺和放气时，应注意防止针孔局部感染：因放气后期往往伴有泡沫样内容物流出，污染套管口周围并易流进腹腔而继发腹膜炎；经套管注入药液时，注药前一定要确切判定套管仍在瘤胃内后，方能注入。

 ## 25. 怎样对羊进行膀胱穿刺？

当尿道完全阻塞发生尿闭时，为防止膀胱破裂或尿中毒，进行膀胱穿刺排出膀胱内的尿液，进行急救治疗。

（1）穿刺部位 羊在后腹部耻骨前缘，触摸有膨满弹性感，即为术部。

（2）穿刺方法 侧卧保定，将左后肢或右后肢向后牵引转位，充分暴露术部，于耻骨前缘触摸胀满波动最明显处，左手压迫，右手持连有长橡胶管的针头向后下方刺入，并固定好针头，待排完尿液，拔出针头，术部消毒，涂火棉胶。

（3）穿刺注意事项 针刺入膀胱后，应很好地握住针头，防止滑脱。若进行多次穿刺时，易引起腹膜炎和膀胱炎，宜慎重。

 ## 26. 怎样对羊进行胸腔穿刺？

主要用于排出胸腔的积液、血液，或洗涤胸腔及注入药液进行治疗。也可用于检查胸腔有无积液，并采集胸腔积液、鉴别性质，以助于诊断。

（1）穿刺部位　羊在右侧第6肋间，左侧第7肋间。具体位置在与肩关节引水平线相交点的下方2~3厘米处，胸外静脉上方约2厘米处。

（2）穿刺方法　准备好套管针或10~16号长针头，胸腔洗涤剂（如0.1%利凡诺溶液、0.1%高锰酸钾溶液）、生理盐水（加热至体温程度）、输液瓶等。左手将术部皮肤稍向上方移动1~2厘米，右手持套管针用指头控制于3~5厘米处，在靠近肋骨前缘垂直刺入。穿刺肋间肌时有阻力感，当阻力消失而有空虚时，表明已刺入胸腔内。左手把持套管，右手拔去内针，即可流出积液或血液。放液时不宜过急，应用拇指堵住套管口，作间断地放出积液，以防胸腔减压过急，影响心肺功能。如针孔堵塞不流时，可用内针疏通，直至放完为止。

有时放完积液之后，需要洗涤胸腔，可将消毒药液装入接有橡胶管的输液瓶，连接输液瓶胶管，高举输液瓶，药液即可流入胸腔，然后将其放出。如此反复冲洗2~3次，最后注入治疗性药物。消毒药液量少时也可用注射器进行冲洗。操作完毕，插入内针，拔出套管针，使局部皮肤复位，术部涂碘酊，以碘仿火棉胶封闭穿刺孔。

（3）注意事项　穿刺或排液过程中，应注意防止空气进入胸腔内。排出积液和注入洗涤剂时应缓慢进行，洗涤剂量不能过多，并加温，同时注意观察染病羊有无异常表现。穿刺时，需注意防止损伤肋间血管和神经。刺入时，应以手指控制套管针的刺入深度，以防过深刺伤心肺。穿刺过程遇有出血时，应充分止血，改变位置再行穿刺。

27. 怎样对羊进行腹腔穿刺？

腹腔穿刺用于排出腹腔的积液和洗涤腹腔及注入药液进行治疗。或采集腹腔积液，以助于胃肠破裂、肠变位、内脏出血、腹膜炎等疾病的鉴别诊断。

（1）穿刺部位　羊在脐与膝关节连线的中点。

（2）穿刺方法　术者蹲下，左手稍移动皮肤。右手控制套管针（或针头）的深度，由下向上垂直刺入3~4厘米。其余的操作方法同胸腔穿刺。当洗涤腹腔时，羊在右侧欣窝中央，右手持针头垂直刺入腹腔，连接输液瓶胶管或注射器，注入药液，再由穿刺部排出，如此反复冲洗2~3次。

（3）穿刺注意事项　刺入深度不宜过深，以防刺伤肠管。穿刺位置应准确，保定要安全。其他参照胸腔穿刺的注意事项。

28. 怎样给病羊洗眼？

当病羊发生结膜与角膜炎症和各种眼病时，需要给羊进行洗眼治疗。

（1）洗眼用器械 冲洗器、洗眼瓶、胶帽、吸管等，也可用20毫升注射器代用；常备点眼药或洗眼药：0.1%盐酸肾上腺素溶液、3.5%盐酸可卡因溶液、0.5%阿托品溶液、0.5%硫酸锌溶液、2%~4%硼酸溶液、1%~3%蛋白银溶液、0.01%~0.03%高锰酸钾溶液及生理盐水等。

（2）操作 柱栏内站立保定好病羊，固定头部，用一手拇指与食指翻开上下眼睑，另一手持冲洗器（洗眼瓶、注射器等），使其前端斜向内眼角，徐徐向结膜上灌注药液冲洗眼内分泌物。或用细胶管由鼻孔插入鼻泪管内，从胶管游离端注入洗眼药液，更有利于洗去眼内的分泌物和异物。如冲洗不彻底时，可用硼酸棉球轻拭结膜囊。洗净后，左手拿点眼药瓶，靠在外眼角眶上斜向内眼角，将药液滴入眼内，闭合眼睑，用手轻轻按摩1~2次以防药液流出，并促进药液在眼内扩散。如用眼膏时，可用玻璃棒一端蘸眼膏，横放在上下眼睑之间闭合眼睑，抽去玻璃棒，眼膏即可留在眼内，用手轻轻按摩1~2次，以防流出。或直接将眼膏挤入结膜囊内。

（3）注意事项 防止病羊骚动，点药瓶或洗眼器与病眼不能接触。与眼球不能成垂直方向，以防感染和损伤角膜。点眼药或眼膏应准确点入眼内，防止流出。

 29. 羊的口腔冲洗法怎样操作？

口腔冲洗法主要用于口炎、舌及牙齿疾病的治疗，有时也用于冲出口腔的不洁物。

（1）用具 可用橡皮管连接漏斗或注射器连接橡胶管，也可用吸管或不带针头的注射器。冲洗剂可用自来水或收敛剂、低浓度防腐消毒药等。

（2）方法 站立保定，使病羊头部稍低并确实固定。也可侧卧保定，使头部处于低位。术者一手持橡胶管一端（或注射器）从口角伸入口腔，并用手固定在口角上，另一只手将装有冲洗药液的漏斗举起（或推注），药液即可流入口腔进行冲洗。

（3）注意事项　冲洗药液根据需要可稍加温，防止过凉。插进口腔内的胶管，不宜过深，以防误咬和咬碎。

 30. 怎么给羊导胃与洗胃？

导胃与洗胃法用于瘤胃积食或瘤胃酸中毒时排出胃内容物，以及排出胃内毒物，或吸取胃液供实验室检查等。

（1）用具及药品　导胃用具同胃管给药，但应用较粗胃管。洗胃应用36~39℃温水，此外根据需要可用2%~3%碳酸氢钠溶液、1%~2%食盐水、0.1%高锰酸钾溶液等。还应备吸引器（橡皮吸球）。

（2）方法　基本同胃管投药。病羊站立或倒卧保定。先用胃管测量到胃内的长度（从羊唇至倒数第二肋骨）并做好标记，装好开口器，固定好头部。从口腔徐徐插入胃管，到胸腔入口及贲门处时阻力较大，应缓慢插入，以免损伤食管黏膜。必要时可灌入少量温水，待贲门迟缓后，再向前推送入瘤胃。胃管前端经贲门到达瘤胃内后，阻力突然消失，此时可有酸臭味气体或食糜排出。如不能顺利排出胃内容物时，装上漏斗，每次灌入温水或其他药液100~2 000毫升。将头低下，利用虹吸原理，高举漏斗，不待药液流尽，随即放低头部和漏斗，或用吸球反复抽吸，以吸出胃内容物，如此反复多次，逐渐排出胃内大部分内容物，直至病情好转为止。冲洗完之后，缓慢抽出胃管，解除保定。

（3）注意事项　操作中要注意安全，使用的胃管要根据病羊的大小选定，胃管长度和粗细要适宜。瘤胃积食宜反复灌入大量温水，方能洗出胃内容物。

 31. 怎么对羊进行阴道及子宫冲洗？

当羊发生阴道炎和子宫内膜炎时，需要进行阴道及子宫冲洗，目的是排出阴道或子宫内的炎性分泌物，促进黏膜修复，尽快恢复生殖机能。

（1）用具及药品　子宫洗涤用的输液瓶，洗净消毒。冲洗溶液为微温生理盐水，5%~10%葡萄糖溶液，0.1%利凡诺溶液及0.1%或0.5%高锰酸钾溶液等，还可用抗生素及磺胺类制剂。

（2）冲洗方法　充分洗净外阴部，术者手及手臂常规消毒。而后，术者手握输液瓶或漏斗所连接的长胶管。徐徐插入子宫颈口，再缓慢导入子宫内，提高输液瓶或漏斗，药液可通过导管流入子宫内，待输液瓶或漏斗中的冲洗液快流完时，迅速把输液瓶或漏斗放低，借虹吸作用使子宫内液体自行排出。如此反复冲洗 2~3 次，直至流出的液体与注入的液体颜色基本一致为止。

阴道冲洗时，把导管的一端插入阴道内，提高漏斗，冲洗液即可流入，借病畜努责冲洗液可自行排出，如此反复洗至冲洗液透明为止。

阴道或子宫冲洗后，可放入抗生素或其他抗菌消炎药物。

（3）注意事项　操作要认真，防止粗暴，特别是插入导管时更需谨慎，预防子宫壁穿孔；严格遵守消毒规则。子宫积脓或子宫积水的病例，应先将子宫内积液排出之后，再进行冲洗；不得应用强刺激性或腐蚀性的药液冲洗。注入子宫内的冲洗药液，尽量充分排出，必要时可按压腹壁促使排出，以防子宫积液。

32. 怎样对病羊进行尿道及膀胱冲洗？

尿道及膀胱冲洗法用于羊尿道炎及膀胱炎的治疗，或采尿液供化验诊断。本法对于母羊较易操作，对公羊操作难度较大。

（1）用具及药品　根据病羊体格大小、性别备用不同类型的导尿管。用前将导尿管放在 0.1% 温热的高锰酸钾溶液中浸泡 5~10 分钟，前端蘸液体石蜡。冲洗药液宜选择刺激或腐蚀性小的消毒、收敛剂。常用的有生理盐水、2% 硼酸溶液、0.1%~0.5% 高锰酸钾溶液、1%~2% 石炭酸溶液或 0.1%~0.2% 利凡诺溶液等。此外，也常用抗生素及磺胺制剂的溶液（冲洗药液的温度要与体温相等）。备好注射器与洗涤器。术者的手、病羊的外阴部及公羊阴茎、尿道口要清洗消毒。

（2）方法

① 母羊膀胱冲洗。病羊侧卧保定，助手将尾巴拉向一侧或吊起。术者将导尿管握于掌心，前端与食指同长，呈圆锥形伸入阴道，先用手指触摸尿道口，轻轻刺激或扩张尿道口，伺机插入导尿管，徐徐推进。当进入膀胱后，则无阻力感，尿液自然流出。排完尿后，导尿管另一端连接洗涤器或注射器，注入冲洗药液，反复冲洗，直至排出药液透明为止。最后将膀胱内药液排净。当触摸识别尿道口有困难，可用开膣器开张阴道，即可看到阴道腹侧的尿道口。

② 公羊膀胱冲洗。用速眠新（846 合剂）麻醉病羊后仰卧于操作台上保

定。挤压病羊包皮，使龟头暴露在外，用消毒纱布包住龟头，用0.1%新洁尔灭洗尿道外口，用医用专用导尿管，直径约为1.5毫米，从尿道口缓缓插入，插入至"S"状弯曲部前缘时常发生困难，可用手指隔着皮肤向深部压迫，迫使导尿管末端进入膀胱，一旦进入膀胱内，尿液即从导尿管流出。冲洗方法与母畜相同，导尿或冲洗完之后，还可注入治疗药液，而后除去导尿管。

（3）注意事项　插入时，导尿管前端宜涂润滑剂，以防损伤尿道黏膜，防止粗暴操作，以免损伤尿道黏膜或造成膀胱壁的穿孔。

第七章　规模化生态养羊常见疫病的防控

 1. 什么是口蹄疫?

口蹄疫（FMD）俗称"口疮""蹄癀"。是由口蹄疫病毒引起的一种急性、热性、高度接触性传染病，主要侵害牛、羊、猪等偶蹄动物，偶见于人和其他动物。临床上以口腔黏膜、蹄部及乳房皮肤发生水疱和溃烂为特征。该病呈全球性分布，虽然目前在英、美、德等一些发达国家已经被消灭，但在大多发展中国家仍有流行。该病具有强烈的传染性，一旦发病，传播迅速，往往引起大流行，不易控制和消灭，造成严重的经济损失和社会影响。因而，一直被世界动物卫生组织（又称'国际兽疫局'，WOAH）列为 A 类动物疫病之首，在 2022 年 6 月，我国农业农村部发布的 573 号公告中，将口蹄疫列为一类动物疫病之首。

 2. 引起口蹄疫的病原是什么? 有何特性?

口蹄疫的病原是口蹄疫病毒（FMDV），属于微核糖核酸病毒科中的口蹄疫病毒属，是较小的动物病毒。现已知有 7 个血清型，即 O 型、A 型、C 型、SAT1 型、SAT2 型、SAT3 型（即南非 1 型、2 型、3 型）和 Asial 型（亚洲 I 型），常见的是 O 型和 Asial 型。各型之间临床表现相同，但抗原型不同，无交叉免疫性，不能产生交互免疫保护作用。目前，我国使用疫苗多为 O 型、亚洲 I 型较少，而亚洲 I 型致病性最强，常常引起动物的死亡。故而畜牧生产中接种 O 型疫苗常常不能控制亚洲 I 型等其他型口蹄疫的发生和流行。并且，由于病毒的变异性，常常出现新的亚型和毒株，给口蹄疫的免疫预防带来更大的困难。

口蹄疫病毒能抗干燥、耐低温，对外界环境抵抗力较强。自然情况下，含毒组织和污染的饲料、饲草、皮毛及土壤等可保持传染性数周至数月以上。病毒因无囊膜，对酚类、酒精、乙醚、氯仿等脂溶剂和一些去污剂有抵抗力。该病毒对高温和紫外线敏感，阳光直射下1小时、加热70℃ 30分钟、煮沸均可杀死病毒。水疱液中的病毒60℃ 5～15分钟可灭活、80～100℃很快死亡、37℃温箱12~24小时死亡。鲜牛奶中的病毒37℃生存12小时、18℃生存6天。病毒对酸、碱十分敏感，肉品中的病毒10～12℃经24小时、4～8℃经24~48小时，使其中的pH值下降至5.3～5.7，即能被杀灭，甚至新宰的胴体在剔骨前的30分钟左右的成熟过程中，肌肉所产的乳酸就可杀死其中的病毒。生产中常用的良好消毒剂有2%～4%氢氧化钠、3%～5%福尔马林溶液、0.2%~0.5%过氧乙酸、5%次氯酸钠、5%氨水、30%草木灰、4%碳酸钠溶液等。

 ## 3. 羊口蹄疫诊断指标有哪些？

（1）流行病学特点　绵羊、山羊及牛科动物（牛、瘤牛、水牛、牦牛）、猪及所有野生反刍和猪科动物均易感。传染源主要为感染潜伏期及临床发病的感染动物。感染动物呼出物、唾液、粪便、尿液、乳、精液及肉和副产品均可带毒。康复期动物也可带毒。

易感动物可通过呼吸道、消化道、生殖道和伤口感染病毒，通常以直接或间接接触（飞沫等）方式传播，或通过人或犬、蝇、蜱、鸟等动物媒介，或经车辆、器具等被污染物传播。如果环境气候适宜，病毒可随风远距离传播。

（2）临床症状　羊跛行；唇部、舌面、齿龈、鼻镜、蹄踵、蹄叉、乳房等部位出现水疱；发病后期，水疱破溃、结痂，严重者蹄壳脱落，恢复期可见瘢痕、新生蹄甲；传播速度快，发病率高；成年动物死亡率低，幼畜常突然死亡且死亡率高。

（3）病理变化　消化道可见水疱、溃疡；幼畜可见骨骼肌、心肌表面出现灰白色条纹，形色酷似虎斑。

（4）病原学检测　间接夹心酶联免疫吸附试验，检测阳性；RT-PCR试验，检测阳性（采用国家确认的方法）；反向间接血凝试验（RIHA），检测阳性；病毒分离，鉴定阳性。

（5）血清学检测　中和试验，抗体阳性；液相阻断酶联免疫吸附试验，抗体阳性；非结构蛋白 ELISA 检测感染，抗体阳性；正向间接血凝试验（IHA），抗体阳性。

 ## 4. 根据羊口蹄疫诊断指标，如何进行诊断结果判定？

（1）疑似口蹄疫病例　符合该病的流行病学特点和临床诊断或病理诊断指标之一，即可定为疑似口蹄疫病例。

（2）确诊口蹄疫病例　疑似口蹄疫病例，病原学检测方法任何一项阳性，可判定为确诊口蹄疫病例；疑似口蹄疫病例，在不能获得病原学检测样本的情况下，未免疫家畜血清抗体检测阳性或免疫家畜非结构蛋白抗体 ELISA 检测阳性，可判定为确诊口蹄疫病例。

 ## 5. 如何进行羊口蹄疫疫情报告？

任何单位和个人发现羊上述临床异常情况的，应及时向当地动物防疫监督机构报告。动物防疫监督机构应立即按照有关规定赴现场进行核实。

（1）疑似疫情的报告　县级动物防疫监督机构接到报告后，立即派出 2 名以上具有相关资格的防疫人员到现场进行临床和病理诊断。确认为疑似口蹄疫疫情的，应在 2 小时内报告同级兽医行政管理部门，并逐级上报至省级动物防疫监督机构。省级动物防疫监督机构在接到报告后，1 小时内向省级兽医行政管理部门和国家动物防疫监督机构报告。

诊断为疑似口蹄疫病例时，采集病料，并将病料送省级动物防疫监督机构，必要时送国家口蹄疫参考实验室。

（2）确诊疫情的报告　省级动物防疫监督机构确诊为口蹄疫疫情时，应立即报告省级兽医行政管理部门和国家动物防疫监督机构；省级兽医管理部门在 1 小时内报省级人民政府和国务院兽医行政管理部门。

国家参考实验室确诊为口蹄疫疫情时，应立即通知疫情发生地省级动物防疫监督机构和兽医行政管理部门，同时报国家动物防疫监督机构和国务院兽医行政管理部门。

省级动物防疫监督机构诊断新血清型口蹄疫疫情时，将样本送至国家口蹄疫参考实验室。

（3）疫情确认　国务院兽医行政管理部门根据省级动物防疫监督机构或国家口蹄疫参考实验室确诊结果，确认口蹄疫疫情。

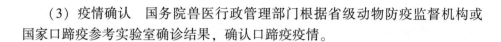

6. 口蹄疫疫情如何处置？

（1）疫点、疫区、受威胁区的划分

① 疫点。为发病畜所在的地点。相对独立的规模化养殖场/户，以病畜所在的养殖场/户为疫点；散养畜以病畜所在的自然村为疫点；放牧畜以病畜所在的牧场及其活动场地为疫点；病畜在运输过程中发生疫情，以运载病畜的车、船、飞机等为疫点；在市场发生疫情，以病畜所在市场为疫点；在屠宰加工过程中发生疫情，以屠宰加工厂（场）为疫点。

② 疫区。由疫点边缘向外延伸3千米内的区域。

③ 受威胁区。由疫区边缘向外延伸10千米的区域。在疫区、受威胁区划分时，应考虑所在地的饲养环境和天然屏障（河流、山脉等）。

（2）疑似疫情的处置　对疫点实施隔离、监控，禁止家畜、畜产品及有关物品移动，并对其内、外环境实施严格的消毒措施。

必要时采取封锁、扑杀等措施。

（3）确诊疫情处置　疫情确诊后，立即启动相应级别的应急预案。

① 封锁。疫情发生所在地县级以上兽医行政管理部门报请同级人民政府对疫区实行封锁，人民政府在接到报告后，应在24小时内发布封锁令。

跨行政区域发生疫情的，由共同上级兽医行政管理部门报请同级人民政府对疫区发布封锁令。

② 对疫点采取的措施。扑杀疫点内所有病畜及同群易感畜，并对病死畜、被扑杀畜及其产品进行无害化处理；对排泄物、被污染饲料、垫料、污水等进行无害化处理；对被污染或可疑污染的物品、交通工具、用具、畜舍、场地进行严格彻底消毒；对发病前14天售出的家畜及其产品进行追踪，并做扑杀和无害化处理。

③ 对疫区采取的措施。在疫区周围设置警示标志，在出入疫区的交通路口设置动物检疫消毒站，执行监督检查任务，对出入的车辆和有关物品进行消毒；所有易感畜进行紧急强制免疫，建立完整的免疫档案；关闭家畜产品交易市场，禁止活畜进出疫区及产品运出疫区；对交通工具、畜舍及用具、场地进行彻底消毒；对易感家畜进行疫情监测，及时掌握疫情动态；必要时，可对疫

区内所有易感动物进行扑杀和无害化处理。

④ 对受威胁区采取的措施。最后 1 次免疫超过 1 个月的所有易感畜，进行 1 次紧急强化免疫；加强疫情监测，掌握疫情动态。

⑤ 疫源分析与追踪调查。按照口蹄疫流行病学调查规范，对疫情进行追踪溯源、扩散风险分析。

⑥ 解除封锁。口蹄疫疫情解除的条件：疫点内最后 1 头病畜死亡或扑杀后连续观察至少 14 天，没有新发病例；疫区、受威胁区紧急免疫接种完成；疫点经终末消毒；疫情监测阴性。

新血清型口蹄疫疫情解除的条件：疫点内最后 1 头病畜死亡或扑杀后连续观察至少 14 天没有新发病例；疫区、受威胁区紧急免疫接种完成；疫点经终末消毒；对疫区和受威胁区的易感动物进行疫情监测，结果为阴性。

⑦ 解除封锁的程序。动物防疫监督机构按照上述条件审验合格后，由兽医行政管理部门向原发布封锁令的人民政府申请解除封锁，由该人民政府发布解除封锁令。必要时由上级动物防疫监督机构组织验收。

7. 如何进行口蹄疫的疫情监测？

（1）监测主体　县级以上动物防疫监督机构。

（2）监测方法　临床观察、实验室检测及流行病学调查。

（3）监测对象　以牛、羊、猪为主，必要时对其他动物监测。

（4）监测的范围　养殖场户、散养畜，交易市场、屠宰厂（场）、异地调入的活畜及产品。对种畜场、边境、隔离场、近期发生疫情及疫情频发等高风险区域的家畜进行重点监测。监测方案按照当年兽医行政管理部门工作安排执行。

（5）疫区和受威胁区解除封锁后的监测　临床监测持续 1 年，反刍动物病原学检测连续 2 次，每次间隔 1 个月，必要时对重点区域加大监测的强度。

（6）及时上报　在监测过程中，对分离到的毒株进行生物学和分子生物学特性分析与评价，密切注意病毒的变异动态，及时向国务院兽医行政管理部门报告。

（7）风险分析　各级动物防疫监督机构对监测结果及相关信息进行风险分析，做好预警预报。

（8）监测结果处理　监测结果逐级汇总上报至国家动物防疫监督机构，

按照有关规定进行处理。

 8. 如何进行口蹄疫的免疫？

（1）国家对口蹄疫实行强制免疫　各级政府负责组织实施，当地动物防疫监督机构进行监督指导。免疫密度必须达到100%。

预防免疫，按农业农村部制定的免疫方案规定的程序进行。

按照《农业农村部关于印发〈国家动物疫病强制免疫指导意见（2022—2025年）〉的通知》（农牧发〔2022〕1号）要求，对全国有关畜种，根据当地实际情况，在科学评估的基础上选择适宜口蹄疫疫苗（如陕西省农业农村厅推荐使用口蹄疫O型灭活疫苗、O型-A型口蹄疫双价灭活疫苗），对全国所有羊进行O型、A型口蹄疫免疫。

（2）所用疫苗　必须采用农业农村部批准使用的产品，并由动物防疫监督机构统一组织、逐级供应。

（3）所有养殖场/户必须按科学合理的免疫程序做好免疫接种　建立完整免疫档案（包括免疫登记表、免疫证、免疫标识等）。

免疫程序如下。

① 规模场。考虑母畜免疫情况、幼畜母源抗体水平等因素，确定幼畜初免日龄。例如，根据母畜免疫次数、母源抗体等差异，羔羊可在28～35日龄时进行初免。所有新生家畜初免后，间隔1个月后再进行1次加强免疫，以后每间隔4~6个月再进行加强免疫。

② 散养户。春秋两季分别对所有易感家畜进行1次集中免疫，每月定期补免。有条件的散养户可参照规模场推荐免疫程序免疫。

（4）紧急免疫　发生疫情时，对疫区、受威胁区的易感家畜进行1次紧急免疫。最近1个月内已免疫的家畜可以不进行紧急免疫。

（5）各级动物防疫监督机构定期对免疫畜群进行免疫水平监测　根据群体抗体水平及时加强免疫。

（6）产地检疫　猪、牛、羊等偶蹄动物在离开饲养地之前，养殖场/户必须向当地动物防疫监督机构报检，接到报检后，动物防疫监督机构必须及时到场、到户实施检疫。检查合格后，收回动物免疫证，出具检疫合格证明；对运载工具进行消毒，出具消毒证明，对检疫不合格的按照有关规定处理。

（7）屠宰检疫　动物防疫监督机构的检疫人员对猪、牛、羊等偶蹄动物进行验证查物，证物相符检疫合格后方可入厂（场）屠宰。宰后检疫合格，出具检疫合格证明。对检疫不合格的按照有关规定处理。

（8）种畜、非屠宰畜异地调运检疫　国内跨省调运包括种畜、乳用畜、非屠宰畜时，应当先到调入地省级动物防疫监督机构办理检疫审批手续，经调出地按规定检疫合格，方可调运。起运前两周，进行1次口蹄疫强化免疫，到达后须隔离饲养14天以上，由动物防疫监督机构检疫检验合格后方可进场饲养。

 ## 9. 什么是痒病？其病原有什么特点？

羊痒病是由羊痒病因子（PrPSc）即羊朊毒体引起的自然发生于成年绵羊和山羊的一种神经性渐进性致死性传染疾病，以潜伏期长、剧痒、中枢神经系统变性、共济失调和病死率高为特征。人类发现该病已有250多年的历史。痒病是传染性海绵状脑病的最原始型。

痒病的病原是一种无核酸的蛋白性侵染颗粒（简称朊毒体，曾称朊病毒，Prion Protein，PrP），是由宿主神经细胞表面正常的一种糖蛋白（PrPC）在翻译后构象发生某些改变而形成的异常蛋白（PrPSc）。二者在蛋白一级结构没有差异，但在二级结构上存在着从 α 螺旋到 β 折叠的转变。正常的朊蛋白以 α 螺旋为主要的高级结构，而异常的朊蛋白质则以 β 折叠为主。二者的主要区别特征是 PrPC 对蛋白酶 K（PK）敏感，而 PrPSc 则能够部分抵抗，这一特征是朊毒体检测技术的基础。PrPSc 在脑内的沉积以及由此而引起的神经细胞的空泡化，常是痒病的主要特征。

痒病病原抵抗力极强，能抵抗常规的消毒药剂和射线，常用的消毒方法有含2%有效氯的次氯酸钠溶液和2%的氢氧化钠溶液浸泡消毒，134~138℃高压蒸汽处理18分钟以上灭菌消毒，而焚烧是最好的杀灭方法。

 ## 10. 羊痒病有什么流行特点？

痒病最早于1732年在英格兰发生，1755年，该病广泛传播。19世纪痒病传入苏格兰。英国在1920—1950年曾严重流行，20世纪70年代因绵羊饲养量大增，痒病也随之增多起来。德国在1750年就有痒病的记载，法国和西班牙在 1810 年记载发生了痒病，其他西欧国家也早有痒病的存在。美国在 1947 年首次发现痒病，由于美国的痒病政策不严格，导致现在仍有大量痒病的发生。日本在 1981 年首次发现痒病，是 1974 年从加拿大引进萨福克种羊传入的，目前，日本的痒病发生一直不断。许多国家的痒病是由英国直接或间接传入的。现在，痒病广泛分布于欧洲、亚洲和美洲多数养羊业发达的国家。澳大利亚、新西兰、肯尼亚和南非曾因从英国进口绵羊传入痒病，但由于采取了极其严格的扑杀政策，使得这些国家的痒病被迅速扑灭。

山羊感染痒病的报道主要来自加拿大、塞浦路斯、芬兰、法国、希腊、意大利、瑞士、英国和美国，其他国家暂且没有相关的报道。在 2022 年 6 月，我国农业农村部发布的 573 号公告中，将其列为一类动物疫病。

该病一般呈散发。年发病率 5%~10%，偶尔 20%~40%。羊群被感染后，很难清除感染源。长期潜伏在老龄羊群中，几乎每年都有少数羊因患该病而死亡或被淘汰。痒病无季节性，一年四季均可发病。很多情况下，由于痒病的潜伏期长，在进口羊只时不能及时发现是否感染痒病，因而很容易通过进口传入痒病。一旦痒病传入，往往很难彻底清除掉，它将长期存在于羊群中。

绵羊和山羊是该病的自然宿主和主要贮存宿主。尚未发现痒病病原传播给人的证据。不同品种、性别的羊均可感染痒病，但品种间的易感性有明显差异。由于痒病自然感染的潜伏期为 1~3 年，故多发于 2~5 岁的绵羊，5 岁以上和 18 月龄以下绵羊一般不发病，因此，该病多发于种羊群和生产羊毛的羊群。山羊发病年龄与绵羊大致相同，但潜伏期很少超过 1 年。纯种羊较杂种羊易感。痒病的临床病程变化很大，由一星期到几个月，最终不治死亡。该病有明显的家庭史，在品种内某些感染的谱系发病率高，因而认为该病是受基因控制的遗传性疾病。

一般认为，痒病的传播方式主要有 3 种，即垂直传播、水平传播和医源性传播。由感染母羊垂直传给羔羊可能是痒病的感染主要途径，羔羊无须吮乳，只要出生时羔羊与母羊密切接触即可感染。已证实病羊的胎盘有感染性，羔羊吞食羊膜液可以感染痒病。水平传播是指健康羊只摄入痒病羊的胎盘或脱落的感染皮肤和肌肉，以及长期在被污染的牧场放牧或与病羊同居感染痒病的方式。

11. 羊痒病有什么临床症状和病理变化？

（1）临床症状　临床上主要表现 2 种比较明显的症状：瘙痒和共济失调。

发病初期可见，病羊易惊、不安或凝视，战栗，有时表现癫痫状发作。头高举，行走时高举步，头、颈或腹肋发生震颤。多数病例出现瘙痒，并啃咬腹肋部和股部，或在固定物体上（如墙角、树根）摩擦患部。病羊不能跳跃，时常反复跌倒。体温正常。照常采食，但日渐消瘦。最后不能站立，最终衰竭而死。有的感染羊以无症状经过。少数病例以急性经过，患病数日，症状轻微，突然死亡。因此，有的学者建议按临床表现将痒病分瘙痒型、麻痹型和无症状型。

（2）解剖和病理变化　剖检病死羊，除摩擦和啃咬引起的被毛脱落、皮肤损伤和体况衰竭外未发现肉眼可见的其他病灶。石蜡切片经苏木精-伊红染色，中脑、脑桥、延髓和脊髓腹侧面二角的神经元中有明显空泡，并伴有星形胶质细胞增生，多数还有淀粉样病变。此外，在灰质神经纤维处也可见到空泡化病变和神经元细胞丧失。

12. 羊痒病应如何诊治？

（1）诊断　根据痒病临床特征，在不能排除其他病因时，必须列为痒病可疑病例。发现可疑病例后，应进行采样，送专门实验室检测。

① 病原分离与鉴定。目前，还不能像病毒或细菌那样对痒病的病原进行分离，用感染羊的脑组织/淋巴组织通过非胃肠道途径接种小鼠，是检测感染性的唯一生物学方法，但该方法因潜伏期长无实际诊断意义。

② 血清学试验。由于痒病病原是机体自身的蛋白成分，机体不产生特异性免疫反应，因而不能通过检测血清的方法进行诊断。

③ 特征性空泡病变检查。用 HE 染色法对脑部切片进行苏木精-伊红染色，检查特定区域的空泡病变和神经胶质细胞增生情况。病理组织学检查需要较高的专业水平和丰富的神经病理学观察经验。

④ 组织中的病原检测。可通过免疫组织化学方法（IHC）、ELISA 方法和免疫转印方法检测。

⑤ 鉴别诊断。应将痒病与相似症状的疫病区别开来，如有机磷农药中毒、食物中毒、低镁血症、神经性酮病、李氏杆菌感染所致的脑病、狂犬病、伪狂犬病、脑灰质软化或脑皮质坏死、脑内肿瘤、脑内寄生虫病等。

（2）防治　目前，尚无痒病疫苗，也无有效治疗和预防药物，但近年来国际上用 PrP 特异性单抗进行了治疗性方面的研究，取得了一些进展。

13. 什么是小反刍兽疫？有什么危害？

小反刍兽疫又称羊瘟、小反刍兽瘟，是由小反刍兽疫病毒引起的山羊、绵羊、野生小反刍兽的高度接触传染性疾病。小反刍兽疫病毒不感染人，不属于人畜共患病。

小反刍兽疫首次发现于西非的科特迪瓦（象牙海岸），主要分布在撒哈拉沙漠以南及赤道以北的非洲国家，近年来，几乎遍及所有中东、西亚、南亚国家，我国周边国家和地区均呈地方性流行。2007 年，我国在西藏首次发现小反刍兽疫，2013 年末，该病又出现于新疆，随后传入内地多省，对我国养羊业造成了极为不利的影响。

山羊和绵羊是该病的自然宿主，山羊比绵羊更易感，临床症状更严重。岩羊、野山羊、盘羊等野生小反刍动物和亚洲水牛、骆驼等可感染发病。可引起呼吸困难、腹泻、流产，甚至死亡。易感羊群发病率通常达 60% 以上，病死率可达 50% 以上。一年四季均可发生，但多雨季节和干燥寒冷季节多发。潜伏期一般为 4~6 天，短的 1~2 天，长者 10 天。

世界动物卫生组织（WOAH）将其列为必须报告的动物疫病，在我国农业农村部 573 号公告中，将其列为一类动物疫病。

14. 近年来，我国羊小反刍兽疫流行形势有变化吗？

2021 年，全球小反刍兽疫流行状况没有明显变化，疫病主要在非洲北部和中部以及蒙古流行。我国西部和南部周边国家疫情形势不明朗，疫情传入风险持续存在。2021 年，全国共报告发生 14 起疫情，形势总体平稳。从监测情况看，交易市场和屠宰厂（场）病毒污染面大，部分养殖场也有感染，青藏高原部分山区存在野生动物感染。从流行毒株看，国内流行毒株仍属于基因 IV 系，未发生明显的遗传变异。

我国小反刍兽疫疫苗对国内流行毒株有效，疫情风险点主要存在于免疫薄弱的环节和场点。目前，基于监测数据我国小反刍兽疫疫情仍呈点状发生，区域性暴发的可能性不大，青藏高原、天山、贺兰山和祁连山一带野生动物感染发生风险较高；境外疫情再次传入的风险依然较高。

15. 小反刍兽疫有什么临床症状和病理变化?

　　小反刍兽疫主要通过呼吸道和消化道感染。传播方式主要是接触传播，可通过与病羊直接接触传播，病羊的唾液、鼻液、粪尿等分泌物和排泄物可含有大量的病毒，与被病毒污染的饲料、饮水、衣物、工具、垫料、圈舍和牧场等接触也可发生间接传播，在养殖密度较高的羊群也会发生近距离的气溶胶传播。潜伏期为 4～5 天，最长 21 天。山羊临床症状比较典型，绵羊一般较轻微。

　　自然发病仅见于山羊和绵羊。山羊发病严重，绵羊也偶有严重病例发生。一些康复山羊的唇部形成口疮样病变。感染动物临诊症状与牛瘟病牛相似。急性型体温可上升至 41℃，并持续 3～5 天。感染羊只烦躁不安，背毛无光，口鼻干燥，食欲减退。流黏液脓性鼻漏，呼出恶臭气体。在发热的前 4 天，口腔黏膜充血，颊黏膜进行性广泛性损害、导致多涎，随后出现坏死性病灶，开始口腔黏膜出现小的粗糙的红色浅表坏死病灶，以后变成粉红色，感染部位包括下唇、下齿龈等处。严重病例可见坏死病灶波及齿垫、腭、颊部及其乳头、舌头等处。后期出现带血水样腹泻，严重脱水，消瘦，随之体温下降。出现咳嗽、呼吸异常。发病率高达 100%，在严重暴发时，死亡率为 100%，在轻度发生时，死亡率不超过 50%。幼年动物发病严重，发病率和死亡率都很高，为我国划定的一类疾病。

　　小反刍兽疫常见的病理变化主要有：口腔和鼻腔黏膜糜烂坏死；支气管肺炎，继发细菌感染时会表现肺尖肺炎；可见坏死性或出血性肠炎，盲肠、结肠近端和直肠出现特征性条状充血、出血，呈斑马状条纹；可见淋巴结特别是肠系膜淋巴结水肿，脾脏肿大并可出现坏死病变；组织学上可见肺部组织出现多核巨细胞以及细胞内嗜酸性包涵体。

16. 小反刍兽疫病毒的抵抗力如何? 如何消毒?

　　小反刍兽疫病毒对多数消毒剂敏感。发生疫情的时候，对疫区内不同的待消毒物品，可选用不同消毒剂。对建筑物、木质结构、水泥表面、车辆和相关设施设备消毒可选用碱类（碳酸钠、氢氧化钠）、氯化物和酚化合物。人员消毒可选用刺激性小的消毒剂，如柠檬酸、酒精和碘化物（碘消灵）等。

（1）场地及设施消毒　消毒人员需穿戴防护用具，选择合适的消毒方式消毒。如：金属设施设备可采取火焰、熏蒸和冲洗等方式消毒；羊舍、车辆、屠宰加工、贮藏等场所，可采用消毒液清洗、喷洒等方式消毒；饲料、垫料、粪便等，可采取堆积发酵或焚烧等方式消毒；疫区范围内办公、饲养人员宿舍、公共食堂等场所，可采用喷洒方式消毒。

（2）人员及物品消毒　饲养、管理等人员可采取淋浴消毒；衣服、帽、鞋等可采取消毒液浸泡、高压灭菌等方式消毒。

（3）山羊绒及羊毛消毒　以下程序均可杀灭病毒。在18℃储存4周，4℃储存4个月，或37℃储存8天；在密封容器中用甲醛熏蒸消毒至少24小时；工业洗涤，包括浸入水、肥皂水、苏打水或碳酸钾等溶液中水浴；用熟石灰或硫酸钠进行化学脱毛；浸泡在60~70℃水溶性去污剂中，进行工业性去污。

（4）羊皮消毒　在含有2%碳酸钠的海盐中腌制至少28天，或者在密闭空间内用甲醛熏蒸消毒至少24小时。

17. 小反刍兽疫常用的实验室诊断方法有哪些？如何采集和运送该病病料？

（1）小反刍兽疫常用的实验室诊断方法

① 血清学检测方法。抗体检测可采用阻断酶联免疫吸附试验和竞争酶联免疫吸附试验。

② 病原学检测方法。病毒检测可采用抗原捕获酶联免疫吸附试验、实时荧光反转录聚合酶链式反应、普通反转录聚合酶链式反应，对 PCR 产物进行核酸序列测定可进行病毒分型。

（2）小反刍兽疫病料的采集和运送

① 用于病原学检测的病料采集。无菌采集被扑杀或刚死亡病畜的脾、肠系膜或支气管淋巴结、胸腺、肠黏膜、肺等组织，或采集病羊眼棉拭子、口棉拭子、鼻棉拭子。

② 用于血清学检测的病料采集。无菌采集全血，用常规方法分离血清。

③ 样品采集后，置冰上冷藏尽快送至具有相关诊断资格的实验室检测。

18. 国家批准使用的小反刍兽疫疫苗有哪些？

目前，我国批准使用的小反刍兽疫疫苗有小反刍兽疫活疫苗和小反刍兽疫、山羊痘二联活疫苗。

（1）小反刍兽疫活疫苗 按瓶签注明头份，用灭菌生理盐水稀释为每毫升含 1 头份，每只羊颈部皮下注射 1 毫升。

（2）小反刍兽疫、山羊痘二联活疫苗 用于预防羊的小反刍兽疫和山羊痘。免疫持续期为 12 个月。按瓶签注明头份，用灭菌生理盐水稀释为每 0.5 毫升含 1 头份，每只羊皮内注射 0.5 毫升。最小免疫月龄为 1 月龄。

 19. 怎样对羊小反刍兽疫进行免疫和监测？

（1）推荐免疫程序

① 规模场。新生羔羊 1 月龄后进行免疫，超过免疫保护期的进行加强免疫。

② 散养户。春季或秋季对本年未免疫羊和超过免疫保护期的羊进行 1 次集中免疫，每月定期补免。

③ 紧急免疫。发生疫情时，对疫区和受威胁区羊只进行紧急免疫。最近 1 个月内已免疫的羊可以不进行紧急免疫。

（2）免疫效果监测

① 检测方法。采用 GB/T 27982—2011《小反刍兽疫诊断技术》规定的 ELISA 方法进行抗体检测。

② 免疫效果评价。免疫 28 天后，抗体检测阳性，判定为个体免疫合格。免疫合格个体数量占免疫群体总数不低于 70% 的，判定为群体免疫合格。

20. 防控小反刍兽疫时，各地畜牧兽医部门有哪些职责？

（1）严格处置突发疫情 对确诊疫情，各地要按照应急预案、技术规范要求，果断处置，及时拔除疫点，扑杀疫点内所有易感动物，对其尸体和产品要彻底无害化处理，严密封锁疫区。

（2）抓好疫区和高风险区免疫　各地根据疫情形势提出疫苗需求量，报请农业农村部批准，按规定指导当地养殖户做好免疫工作，并开展免疫效果评价工作。

（3）开展疫情排查　继续对近期从外地调入羊只开展疫情排查，一旦发现异常情况，要及时报告、规范采样送检，按规定进行处置。要立即追踪溯源，并将有关情况迅速逐级上报至农业农村部。

（4）严格限制动物移动　出现疫情后，坚决暂停活羊跨省调运。新发确诊疫情或疑似疫情的省份，要严格限制易感动物移动，疫点所在县的易感动物不得运出县境。

（5）切实加强检疫监管　依法规范开展羊及羊产品的检疫监管。切实落实检疫申报制度，规范申报程序，严格查验过程，规范出证程序。

（6）加强宣传培训　进一步加大对基层兽医人员的技术培训和指导力度，提高对疑似疫情的发现、识别和报告能力。对广大养殖者，要加强小反刍兽疫防控知识宣传普及，增强自主防疫意识。

（7）做好应急准备　完善应急机制，加强应急值守，规范应急程序，充实应急物资储备，做好各项应急准备工作。一旦发现疫情或检出阳性，要立即采取应急处置措施。

 ## 21. 养殖户应如何防范小反刍兽疫？

（1）把好"入场关"，确保引进羊只无疫　引进羊只时，要搞清楚羊只的来源和背景，不要购买没有检疫证明的羊只。羊只调入后，至少要隔离观察 1 个月，确认健康无病后，方可混群饲养。

（2）把好"管理关"，提高养殖场所生物安全水平　要在当地畜牧兽医部门指导下，建立健全防疫制度，加强防疫管理。做好相关场所及设施设备的清洗消毒工作。人员和运输工具进场时，要进行彻底消毒。羊群转场、放牧时，要防止交叉感染。

（3）把好"防疫关"，确保免疫密度和质量　在农业农村部批准实施免疫的地区，要在当地兽医部门的指导下做好免疫接种工作。

发现疑似小反刍兽疫患病羊后，养殖户应立即隔离疑似患病羊，限制其移动，加强消毒，并立即向当地兽医主管部门、动物卫生监督机构或动物疫病预防控制机构报告。小反刍兽疫是一类动物疫病，不允许治疗。按照国家现行法律法规要求，对感染羊只及同群羊必须采取扑杀和无害化处理等处置措施。需要特别强调的是，严禁私自出售或处理病死羊，否则，将追究当事人法律责任。

 ## 22. 什么是羊布鲁氏菌病？病原是什么？

布鲁氏菌病是由布鲁氏杆菌引起的人畜共患的慢性传染病。主要侵害生殖系统。羊感染后，以母羊发生流产和公羊发生睾丸炎为特征。该病分布很广，不仅感染各种家畜，而且易传染给人。2022 年 6 月，我国农业农村部发布的 573 号公告中，将布鲁氏菌病列为二类动物疫病。

布鲁氏杆菌是革兰氏阴性需氧杆菌，分类上为布鲁氏杆菌属。本属细菌为非抗酸性，无芽孢，无荚膜，无鞭毛，球杆状。组织或渗出液中常集结成团，且可见于细胞内，培养物中多单个排列。布鲁氏杆菌属有 6 个种，即牛种、羊种、猪种、绵羊种、犬种和沙林鼠种，前 5 种感染家畜。布鲁氏杆菌在土壤、水中和皮毛上能存活几个月，一般消毒药能很快将其杀死。布鲁氏杆菌对各种物理和化学因子比较敏感。巴氏消毒法可以杀灭该菌，70℃10 分钟也可杀死，高压消毒瞬间即亡。对寒冷的抵抗力较强，低温下可存活 1 个月左右。该菌对消毒剂较敏感，2%来苏尔 3 分钟之内即可杀死。该菌在自然界的生存力受气温、湿度、酸碱度影响较大，pH 值为 7.0 及低温下存活时间较长。

 ## 23. 羊布鲁氏菌病的诊断要点是什么？

由于发生流产的病因很多，而该病的流行特点、临床症状和病理变化均无明显的特征，同时，隐性感染较多，因此，确诊要依靠实验室诊断。

（1）流行特点　母羊较公羊易感性高，性成熟后对该病极为易感。消化道是主要感染途径，也可经配种感染。羊群一旦感染此病，主要表现是孕羊流产，开始仅为少数，以后逐渐增多，严重时可达半数以上，多数病羊流产 1 次。

（2）临床症状　多数病例为隐性感染。怀孕羊发生流产是该病的主要症状，但不是必有的症状。流产多发生在怀孕后的 3~4 个月。有时病羊发生关节炎和滑液囊炎而致跛行，公羊发生睾丸炎，少部分病羊发生角膜炎和支气管炎。

（3）病理变化　剖检可见，胎衣部分或全部呈黄色胶样浸润，其中，有部分覆有纤维蛋白和脓液，胎衣增厚，并有出血点。流产胎儿主要为败血症病变，浆膜与黏膜有出血点与出血斑，皮下和肌肉间发生浆液性浸润，脾脏和淋巴结肿大，肝脏中出现坏死灶。公羊发生该病时，可发生化脓性坏死性睾丸炎和副睾炎，睾丸肿大，后期睾丸萎缩，失去配种能力，关节肿胀和不育。

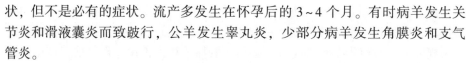 24. 对布鲁氏菌病的免疫有什么要求？

在布鲁氏菌病一类地区，种畜禁止免疫，对除种畜外的牛羊进行布鲁氏菌病免疫；各省根据评估结果，自行确定是否对奶畜免疫，确需免疫的，有关养殖场户可逐级报省级畜牧兽医主管部门同意后，以场群为单位采取免疫措施；各省根据评估情况，确定非免疫净化区域，经省级畜牧兽医主管部门同意后实施。在布鲁氏菌病二类地区，原则上禁止对牛羊实施免疫，确需免疫的，养殖场户可逐级报省级畜牧兽医主管部门同意后，以场群为单位进行免疫。

（1）区域划分　一类地区是指北京、天津、河北、内蒙古、山西、黑龙江、吉林、辽宁、山东、河南、陕西、新疆、宁夏、青海、甘肃 15 个省份和新疆生产建设兵团。以县为单位，连续 3 年对牛羊实行全面免疫。牛羊种公畜禁止免疫。奶畜原则上不免疫，个体病原阳性率超过 2% 的县，由县级兽医主管部门提出申请，报省级兽医主管部门批准后实施免疫。免疫前监测淘汰病原阳性畜。已达到或提前达到控制、稳定控制和净化标准的县，由县级兽医主管部门提出申请，报省级兽医主管部门批准后可不实施免疫。

连续免疫 3 年后，以县为单位，由省级兽医主管部门组织评估考核达到控制标准的，可停止免疫。

二类地区是指江苏、上海、浙江、江西、福建、安徽、湖南、湖北、广东、广西、四川、重庆、贵州、云南、西藏 15 个省份。原则上不实施免疫。未达到控制标准的县，需要免疫的由县级兽医主管部门提出申请，经省级兽医主管部门批准后实施免疫，报农业农村部备案。

净化区是指海南省。禁止免疫。

（2）免疫程序　经批准对布鲁氏菌病实施免疫的区域，按疫苗使用说明书推荐程序和方法，对易感家畜先行检测，对阴性家畜方可进行免疫。

（3）使用疫苗　布鲁氏菌活疫苗（M5 株或 M5-90 株）用于预防牛、羊布鲁氏菌病；布鲁氏菌活疫苗（S2 株）用于预防山羊、绵羊、猪和牛的布鲁氏菌病；布鲁氏菌活疫苗（A19 株或 S19 株）用于预防牛的布鲁氏菌病。

（4）其他事项要求

① 各种疫苗具体免疫接种方法及剂量按相关产品说明操作。

② 切实做好疫苗效果监测评价工作，免疫抗体水平达不到要求时，应立即实施加强免疫。

③ 对开展相关重点疫病净化工作的种畜禽场等养殖单位，可按净化方案实施，不采取免疫措施。

④ 必须使用经国家批准生产或已注册的疫苗，并加强疫苗管理，严格按照疫苗保存条件进行贮存和运输。对布鲁氏菌病等常见动物疫病，如国家批准使用新的疫苗产品，也可纳入本方案投入使用。

⑤ 使用疫苗前应仔细检查疫苗外观质量，如是否在有效期内、疫苗瓶是否破损等。免疫接种时应按照疫苗产品说明书要求规范操作，并对废弃物进行无害化处理。

⑥ 要切实做好个人生物安全防护工作，避免通过皮肤伤口、呼吸道、消化道、可视黏膜等途径感染病原或引起不良反应。

⑦ 免疫过程中，要做好消毒工作，猪、牛、羊、犬等家畜免疫要做到"一畜一针头"，鸡、鸭等家禽免疫做到勤换针头，防止交叉感染。

⑧ 要做好免疫记录工作，建立规范完整的免疫档案，确保免疫时间、使用疫苗种类等信息准确详实、可追溯。

25. 羊得了布鲁氏菌病可以治疗吗？

动物的布鲁氏菌病是不允许治疗的。在布鲁氏菌病检测时为阳性的，应按照国家规定对同群的所有羊进行无害化处理，同时，饲养员包括与病羊接触过的职业人群都应做布鲁氏菌病检测。

布鲁氏菌病职业人群包括从事接触布鲁氏菌的相关职业，例如，牛羊养殖、兽医、畜牧、屠宰、畜产品加工（乳、肉、皮毛）、疫苗和诊断制品生产、研究、应用及从事布鲁氏菌病防治的工作人员都属于布鲁氏菌病职业人群。

26. 什么是羊炭疽？其病原是什么？

炭疽病是由炭疽杆菌引起的一种急性、热性、败血性人畜共患传染病，2022 年 6 月，我国农业农村部发布的 573 号公告中，将其列为二类动物疫病。

该病常呈散发性或地方性流行，绵羊最易感染。病羊体内以及排泄物、分泌物中含有大量的炭疽杆菌。健康羊采食了被污染的饲料、饮水或通过皮肤损伤感染了炭疽杆菌，或吸入带有炭疽芽孢的灰尘，均可导致发病。

病原为炭疽杆菌。炭疽杆菌是一种粗而长的革兰氏阳性大杆菌，不运动。分类属芽孢杆菌科、芽孢杆菌属。该菌在形态上具有明显的双重性：在病料内，常单个散在，或几个菌体相连，呈短链条排列，菌体周围绕以肥厚的荚膜，整个菌体宛如竹节状，但不形成芽孢；在人工培养物内或自然界中，菌体呈长链状排列，两边接触端如刀切状，于适宜条件下可形成芽孢，位于菌体中央；芽孢具有很强的抵抗力，在干燥环境中能存活 10 年之久，煮沸需 15~25 分钟才能杀死，临床上常用 20%漂白粉、0.5%过氧乙酸和 10%氢氧化钠作为消毒剂。

 27. 如何进行羊炭疽病的临床诊断？

依据该病流行病学调查、临床症状，结合实验室诊断结果做出综合判定。

（1）流行特点　该病为人畜共患传染病，各种家畜、野生动物及人对该病都有不同程度的易感性。草食动物最易感，其次是杂食动物，再次是肉食动物，家禽一般不感染。人也易感。

患病动物和因炭疽而死亡的动物尸体以及污染的土壤、草地、水、饲料都是该病的主要传染源，炭疽芽孢对环境具有很强的抵抗力，其污染的土壤、水源及场地可形成持久的疫源地。该病主要经消化道、呼吸道和皮肤感染。

该病呈地方性流行。有一定的季节性，多发生在吸血昆虫多、雨水多、洪水泛滥的季节。

（2）临床症状　该病的潜伏期为 20 天。

该病典型症状主要呈急性经过，多以突然死亡、天然孔出血、尸僵不全为特征。多表现为最急性（猝死）病症，摇摆、磨牙、抽搐、挣扎、突然倒毙，有的可见从天然孔流出带气泡的黑红色血液。病程稍长者也只持续数小时后死亡。

（3）病理变化 死亡患病动物可视黏膜发绀、出血。血液呈暗紫红色，凝固不良，黏稠似煤焦油状。皮下、肌间、咽喉等部位有浆液性渗出及出血。淋巴结肿大、充血，切面潮红。脾脏高度肿胀，达正常数倍，脾髓呈黑紫色。

严禁在非生物安全条件下进行疑似患病动物、患病动物的尸体剖检。

（4）实验室诊断 实验室病原学诊断必须在相应级别的生物安全实验室进行。

 ## 28. 怎么进行羊炭疽病的疫情报告？如何处理？

任何单位和个人发现患有该病或者疑似该病的动物，都应立即向当地动物防疫监督机构报告。当地动物防疫监督机构接到疫情报告后，按国家动物疫情报告管理的有关规定执行。

依据该病流行病学调查、临床症状，结合实验室诊断做出的综合判定结果可做为疫情处理依据。

（1）当地动物防疫监督机构接到疑似炭疽疫情报告后，应及时派员到现场进行流行病学调查和临床检查，采集病料送符合规定的实验室诊断，并立即隔离疑似患病动物及同群动物，限制移动。

对病死动物尸体，严禁进行开放式解剖检查，采样时，必须按规定进行，防止病原污染环境，形成永久性疫源地。

（2）确诊为炭疽后，必须按下列要求处理。

① 由所在地县级以上兽医主管部门划定疫点、疫区、受威胁区。

疫点：指患病动物所在地点。一般是指患病动物及同群动物所在畜场（户组）或其他有关屠宰、经营单位。

疫区：指由疫点边缘外延 3 千米范围内的区域。在实际划分疫区时，应考虑当地饲养环境和自然屏障（如河流、山脉等）以及气象因素，科学确定疫区范围。

受威胁区：指疫区外延 5 千米范围内的区域。

② 该病呈零星散发时，应对患病动物作无血扑杀处理，对同群动物立即进行强制免疫接种，并隔离观察 20 天。对病死动物及排泄物、可能被污染饲料、污水等按要求进行无害化处理；对可能被污染的物品、交通工具、用具、动物舍进行严格彻底消毒。疫区、受威胁区所有易感动物进行紧急免疫接种。

对病死动物尸体严禁进行开放式解剖检查，采样必须按规定进行，防止病原污染环境，形成永久性疫源地。

③ 该病呈暴发流行时（1个县10天内发现5头以上的患病动物），要报请同级人民政府对疫区实行封锁；人民政府在接到封锁报告后，应立即发布封锁令，并对疫区实施封锁。

④ 处理记录。对处理疫情的全过程必须做好完整的详细记录，建立档案。

 ## 29. 如何防控羊炭疽病？

（1）环境控制　饲养、生产、经营场所和屠宰场应符合《动物防疫条件审查办法》规定的动物防疫条件，建立严格的卫生（消毒）管理制度。

（2）免疫接种　根据当地疫情流行情况，按农业农村部制订的免疫方案，确定免疫接种对象、范围。使用国家批准的炭疽疫苗，并按免疫程序进行适时免疫接种，建立免疫档案。

对近3年曾发生过疫情的乡镇易感家畜，使用无荚膜炭疽芽孢疫苗或Ⅱ号炭疽芽孢疫苗进行免疫。每年进行1次免疫。发生疫情时，要对疫区、受威胁区所有易感家畜进行1次紧急免疫。

（3）检疫

① 产地检疫。按GB16549和《动物检疫管理办法》实施检疫。检出炭疽阳性动物时，按规定处理。

② 屠宰检疫。按NY467《畜禽屠宰卫生检疫规范》和《动物检疫管理办法》对屠宰的动物实施检疫。

（4）消毒　对新老疫区进行经常性消毒，雨季要重点消毒。皮张、毛等按照要求实施消毒。

（5）人员防护　动物防疫检疫、实验室诊断及饲养场、畜产品及皮张加工企业工作人员要注意个人防护，参与疫情处理的有关人员，应穿防护服、戴口罩和手套，做好自身防护。

 ## 30. 什么是蓝舌病？

蓝舌病是由蓝舌病病毒引起的主要侵害绵羊的一种以库蠓为传播媒介的传

染病。该病以发热，消瘦，口腔黏膜、鼻黏膜以及消化道黏膜等发生严重的卡他性炎症为特征，病羊蹄部也常发生病理损害，因蹄真皮层遭受侵害而发生跛行。由于病羊特别是羔羊长期发育不良以及死亡、胎儿畸形、皮毛损坏等，可造成巨大的经济损失。在2022年6月我国农业农村部发布的573号公告中，将其列为二类动物疫病。

蓝舌病病毒分类上属于呼肠孤病毒科，环状病毒属。病毒核酸类型为双股RNA。就目前所知，蓝舌病病毒有24个血清型，各血清型之间缺乏交互免疫性。该病毒可在鸡胚内增殖，一般经卵黄囊或血管途径接种；病毒也可于初生哺乳期小鼠和仓鼠脑内接种增殖；羊肾、胎牛肾、犊牛肾、小鼠肾原代和继代细胞均可培养增殖蓝舌病病毒并产生细胞病变。病毒主要存在于病畜的血液以及各脏器之中，可在康复动物的体内存在达4～5个月之久。蓝舌病病毒抵抗力强，50%甘油中可存活多年，对2%～3%氢氧化钠溶液敏感。

31. 蓝舌病的诊断要点有哪些？

（1）流行特点　蓝舌病病毒主要感染绵羊，所有品种的绵羊均可感染，而以纯种的美利奴羊更为敏感。牛、山羊和其他反刍动物包括鹿、羚羊、沙漠大角羊等野生反刍动物也可感染该病，但临床症状轻缓或无明显症状，而以隐性感染为主。仓鼠、小鼠等实验动物可感染蓝舌病病毒。病羊和病后带毒羊为传染源，隐性感染的其他反刍动物也是危险的传染来源。该病主要通过媒介昆虫库蠓叮咬传播。该病的分布多与库蠓的分布、习性及生活史密切相关。因此，蓝舌病多发生于湿热的晚春、夏季、秋季和池塘、河流分布广的潮湿低洼地区，也即媒介昆虫库蠓大量滋生、活动的季节和地区。

（2）临床症状　潜伏期为3～8天，病初体温升高达40.5～41.5℃，稽留5～6天表现厌食、精神委顿，落后于羊群。流涎，口唇水肿，蔓延到面部和耳部，甚至颈部、腹部。口腔黏膜充血，后发绀，呈青紫色。在发热几天后，口腔连同唇、齿龈、颊、舌黏膜糜烂，致使吞咽困难；随着病的发展，在溃疡损伤部位渗出血液，唾液呈红色，口腔发臭。鼻流炎性、黏性分泌物，鼻孔周围结痂，引起呼吸困难和鼾声。有时蹄冠、蹄叶发生炎症，触之敏感，呈不同程度的跛行，甚至膝行或卧地不动。病羊消瘦、衰弱，有的便秘或腹泻，有时下痢带血，早期有白细胞减少症。病程一般为6～14天，发病率30%～40%，病死率2%～3%，有时可高达90%。患病不死的羊经10～15天痊愈，6～8周后蹄部也恢复。怀孕4~8周的母羊遭受感染时，其分娩的羔羊中约有20%发育缺陷，包括脑积水、小脑发育不足、回沟过多等。

（3）病理变化　主要见于口腔、瘤胃、心、肌肉、皮肤和蹄部。口腔出现糜烂和深红色区，舌、齿龈、硬腭、颊黏膜和唇水肿。瘤胃有暗红色区，表面有空泡变性和坏死。真皮充血、出血和水肿。肌肉出血，肌纤维变性，有时肌间有浆液和胶冻样浸润。呼吸道、消化道和泌尿道黏膜及心肌、心内外膜均有小点出血。严重病例消化道黏膜有坏死和溃疡。脾脏通常肿大。肾和淋巴结轻度发炎和水肿，有时有蹄叶炎变化。

（4）类症鉴别　羊蓝舌病通常应与口蹄疫、传染性脓疱皮炎等疾病进行区别。

① 蓝舌病与口蹄疫的鉴别。口蹄疫为高度接触传染性疾病，牛、猪易感性强，感染发病临床症状典型而明显。蓝舌病则主要通过库蠓叮咬传播，且蓝舌病病毒不感染猪，人工接种不能使豚鼠感染。口蹄疫的糜烂性病理损害是由于水疱破溃而发生，蓝舌病虽有上皮脱落和糜烂，但不形成水肿。

② 蓝舌病与传染性脓疱皮炎的鉴别。传染性脓疱皮炎在羊群中以幼龄羊发病率为高，患病羊口唇、鼻端出现丘疹和水疱，破溃以后形成疣状厚痂，痂皮下为增生的肉芽组织。病羊特别是年龄较大者，一般没有最严重的全身症状，无体温反应。采集局部病变组织进行电镜复染检查，可发现呈线团样编织构造的典型羊口疮病毒。

32. 怎样防治蓝舌病？

① 加强口岸检疫和运输检疫，严禁从有该病的国家和地区引进牛、羊及其冻精、胚胎。为防止该病传入，进口动物应选在媒介昆虫不活动的季节。

② 加强国内疫情监测，非疫区一旦发生该病，要采取果断措施，扑杀、无害化处理发病羊和同群动物，污染的环境严格消毒。

③ 在该病流行地区可在每年发病季节前1个月接种疫苗，在新发病地区可用疫苗进行紧急接种。目前，所用疫苗有弱毒疫苗、灭活疫苗和亚单位疫苗，以弱毒疫苗比较常用，二价或多价疫苗可产生相互干扰作用，因此，二价或多价疫苗的免疫效果会受到一定影响。控制、消灭该病媒介昆虫——库蠓，防止其叮咬家畜，夏秋季节提倡在高燥地区放牧并驱赶畜群回圈舍过夜。

④ 对病畜要精心护理，严格避免烈日风雨，给以易消化的饲料，每天用

温和的消毒液冲洗口腔和蹄部。预防继发感染可用磺胺药或抗生素，有条件时病畜或分离出病毒的阳性畜应予以扑杀；血清学阳性畜，要定期复检，限制其流动，就地饲养使用，不能留作种用。

33. 羊群为什么会突然绕圆圈？是生病？还是集体预警？

2022 年 11 月 10 日，内蒙古包头一个养殖场内，羊群突然开始转圆圈。羊主人觉得很奇怪，以前羊群从来没有出现过这种情况。结果在查看监控视频时，发现羊群转圈的行为，在几天前就出现了。

连着好几天，羊群都在按照顺时针方向绕圆圈。刚开始，周围和中间还有几只站立旁观的羊，后来，越来越多的羊都加入了转圈，圈子也越绕越圆了。

羊群为什么会突然绕圆圈，生病？还是集体预警？

生病绕圈的羊，羊群集体绕圈的现象很少见，但是单只羊绕着圆圈走路的现象却不少见。

如果在养殖场里看见一只羊一直在转圈，它转圈的时候，还会顶墙，似乎掌握不好平衡，那么，这只羊肯定是生病了。

仔细观察会发现，病羊转圈，跟正常羊玩耍时的绕圈圈不同，它身体僵硬，步履蹒跚，行走动作不协调。

导致羊转圈的病因，通常是因为脑袋里长寄生虫了。有一种寄生虫叫作多头蚴，羊吃了沾有虫卵的草料。多头蚴钻破肠黏膜，进入血管，随着血液来到大脑。羊感染多头蚴的疾病，叫作羊包虫病。

多头蚴在羊的大脑各处都能寄生，不过，最常见的就是寄生在羊脑的左右两半球。如果多头蚴寄生在左侧大脑，压迫视神经，会导致左眼失明。这时，羊看不见左边的东西，只有右眼能看见右边的路，它就会一直往右走，最后变成向右绕圈。

反向也是一样，如果多头蚴寄生在右侧大脑，羊会向左绕圈。

那么，养殖场里羊群绕圈的原因是不是感染了寄生虫？或者，其中的一两只羊感染了，开始绕圈走，其他羊跟着它们一起绕圈？并不是。

单眼失明的病羊，绕圈动作很僵硬，遇到障碍，或是其他同伴时，容易撞上避不开。养殖场里绕圈跑步的羊群，跑步速度稳定，动作流畅，跟同伴间隔有序，没有摩擦冲撞。集体活动中，单眼失明的病羊，不能跟上同伴的步伐。

另外，除了寄生虫外，还有另一种疾病，李斯特菌病也会让羊绕圈跑。

羊感染了李斯特菌后，会引发脑炎，出现顺着一个方向绕圈的行为。不过，李斯特菌感染的脑炎，发作速度非常快，病羊通常在出现症状后的24~48小时内死亡。

连着几天活蹦乱跳跑圈的羊，肯定没有感染李斯特菌。

既然羊群不是生病，那么为什么会绕圈跑步呢？有一种可能是羊群的自我保护本能，绕着圈震慑敌人。野生动物绕圈震慑敌人的场景，并不少见。

偶蹄目的野生动物，包括鹿、牛、羊在内，都会自发形成绕圈奔跑的战术，这是一种强大的防御方式。

如果有狼捕食，羊群绕圈奔跑，成年羊围在外围，弱小的在中间。奔跑起来的羊群像驯鹿群一样，能绕花敌人的眼睛，产生强大的震慑。

群体绕圈奔跑，是偶蹄目动物的内在本能。除了遇到危险，防御捕猎者外，绕圈跑还有一个优点：锻炼身体。

在某个寒冷的冬天，羊圈里有一只羊觉得冷，打算跑两步暖和一下。在"羊群效应"作用下，周围的同伴开始跟着它跑，于是形成了绕圈跑的集体活动。毕竟，场地就那么大，羊又那么多，往返跑障碍太多，还是绕圈跑最合适。

34. 什么是羊包虫病？病原是什么？

包虫病也叫棘球蚴病，是由数种棘球蚴虫的幼虫——棘球蚴寄生于绵羊、山羊、牛、马、猪、骆驼及人的肝、肺等脏器组织中所引起的一种严重的人兽共患寄生虫病。成虫以肉食兽为终末宿主，寄生于犬、狼、豺、狐和狮、虎、豹等动物的小肠内。

（1）病原　羊的棘球蚴病主要由细粒棘球蚴虫的幼虫——细粒棘球蚴所致。

细粒棘球蚴呈多种多样的囊泡状，大小可由黄豆粒大至人头大。细粒棘球蚴虫虫体很小，全长2~7毫米，由1个头节和3~4个节片组成。头节长0.3毫米，有4个吸盘和顶突，顶突上有两排小钩，共28~50个。

（2）生活史　成虫细粒棘球蚴虫寄生于犬、狼、狐等肉食兽小肠内，1只犬感染虫体的数量甚至可达数千条之多，其孕卵节片或虫卵随粪便排出体外。当羊、牛等中间宿主食入被孕卵节片或虫卵所污染的饲草、饲料或饮水后，虫卵内的六钩蚴在其消化道内孵出并钻入肠壁血管内，随血流到达肝脏停留下来发育为棘球蚴；六钩蚴亦可继续随血液到达肺脏或身体的其他部位发育成为棘球蚴，在中间宿主体内棘球蚴的生长可持续数年之久。终末宿主肉食兽吞食了含有棘球蚴包囊的内脏及组织后，其包囊内的原头蚴在小肠内逸出，固着于肠壁上，逐渐发育为成虫。

 ## 35. 如何诊断羊包虫病？

（1）临床症状　感染初期由于病原在脑部，引起局部炎症，病羊出现脑膜炎或脑炎症状，体温上升，脉搏、呼吸加快，有时强烈兴奋，病羊做旋转运动，前冲或后退、痉挛性抽搐等。有时沉郁，离群落后，长时间躺卧，这些症状以羔羊表现最为明显。

部分病羊在5~7天内因急性脑膜炎而死亡，或转为慢性型。经2~6个月，再次出现明显症状，除向被虫体压迫的同侧作转圈运动外，还常造成对侧的视力障碍乃至失明。一般的寄生部位是向左转在左侧，向右转在右侧，抬头运动在大脑前部，低头运动可能在小脑部。旋转圈较大，说明虫体较小，且寄生时间不长。

（2）与莫尼茨绦虫病、羊鼻蝇蛆病的鉴别　羊脑包虫病的特征是头骨变薄、变软和皮肤隆起等现象，颅骨受压变软时，可用手按压多头虫存在的部位，柔软的部位存在于旋转圆圈的内侧。有时可发现柔软部对侧的肌内或腿发生麻痹。莫尼茨绦虫病、羊鼻蝇蛆病则不会有此症状。

 ## 36. 如何防控羊包虫病？

做好综合性防控是杜绝该病传播和发生的主要途径。目前，尚无有效药物。

由于犬类动物是该病的终末宿主和主要传染源，因此，对患棘球蚴病畜的脏器一律进行深埋或烧毁，以防被犬类吃入成为传染源；做好饲料、饮水及圈舍的清洁卫生工作，防止被犬粪污染。在棘球蚴病流行区域要对家犬进行驱虫。应用氢溴酸槟榔碱给犬驱虫时，剂量按每千克体重1~4毫克，停食12~18小时后，口服。也可选用吡喹酮，剂量按每千克体重5~10毫克，口服。服药后，犬应拴留一昼夜，收集所排出的粪便并与垫草等一同烧毁或深埋处理，以防病原扩散传播。

我国农业农村部制订的推荐免疫方案：对内蒙古、四川、西藏、甘肃、青海、宁夏、新疆和新疆生产建设兵团流行地区的羊实行免疫。每年对当年新生存栏羊进行疫苗接种，此后对免疫羊每年进行一次强化免疫。使用疫苗：羊棘球蚴（包虫）病基因工程亚单位疫苗。

37. 什么是羊脑多头蚴病？病原是什么？

羊脑多头蚴病（脑包虫病）是由多头绦虫的幼虫——多头蚴寄生在绵羊、山羊的脑、脊髓内，引起脑炎、脑膜炎及一系列神经症状，甚至致羊死亡的严重寄生虫病。

（1）病原

① 多头蚴。呈囊泡状，囊体可由豌豆大至鸡蛋大，囊内充满透明液体，在囊的内壁上有 100~250 个原头蚴，原头蚴直径 2~3 毫米。

② 多头蚴虫。虫体长 40~100 厘米，由 200~500 个节片组成。头节有 4 个吸盘，顶突上有 22~32 个小钩，分作两圈排列。卵为圆形，直径一般为 20~37 微米。

（2）生活史　成虫多头蚴寄生于犬、狼、狐、豺等肉食兽的小肠内，发育成熟后，其孕节片脱落，随粪便排出体外，释放出大量虫卵，污染草场、饲料或饮水，当这些虫卵被中间宿主羊、牛等吞食后，误食的虫卵在其消化道中孵出六钩蚴，六钩蚴钻入肠黏膜血管内随血流到达脑和脊髓，经 2~3 个月发育为脑多头蚴。如六钩蚴被血流带到身体其他部位则不能继续发育，并迅速死亡。多头蚴在羔羊脑内发育较快，一般在感染 2 周时能发育至粟粒大，6 周后囊体直径可达 2~3 厘米，经 8~13 周发育到 35 厘米，并具有发育成熟的原头蚴。囊体经 7~8 个月后停止发育，其直径可达 5 厘米左右。

终末宿主犬、狼、狐等肉食兽吞食了含有多头蚴的动物脑、脊髓，多头蚴在其消化液的作用下，囊壁溶解，原头蚴附着在小肠壁上开始发育，经 41~73 天发育为成虫。

38. 如何诊断和防治羊脑多头蚴病？

（1）诊断 该病呈急性型或慢性型经过，症状表现取决于寄生部位和病原体的大小。

① 急性型。以羔羊表现最为明显。感染之初，由于六钩蚴进入脑组织，虫体在脑膜和脑组织中移行，刺激和损伤造成脑部炎症，使体温升高，脉搏、呼吸加快，甚至有强烈的兴奋，患羊作回旋运动，前冲或后退，有痉挛性抽搐等。有时沉郁，长时间躺卧，脱离畜群。部分病羊在5～7天内因急性脑膜炎死亡，不死者则转为慢性型。

② 慢性型。患羊耐过急性期后，症状表现逐渐消失，经2～6个月的缓和期。由于多头蚴不断发育长大，再次出现明显症状。当多头蚴寄生在羊大脑半球时，除向被虫体压迫的同侧作转圈运动外，还常造成对侧的视力障碍，甚至失明。虫体寄生在大脑正前部时，常见羊头下垂向前作直线运动，碰到障碍物时则头抵物体呆立不动。多头蚴在大脑后部寄生时，主要表现为头高举或作后退运动，甚至倒地不起，并常有强直性痉挛出现。虫体寄生在小脑时，病羊站立或运动常失去平衡，身体共济失调，易跌倒，对外界干扰和音响易惊恐。多头蚴寄生在脊髓时，表现步伐不稳，进而引起后肢麻痹；当膀胱括约肌发生麻痹时，则出现小便失禁。此外，患羊还表现食欲减退，甚至食欲废绝；由于不能正常采食和休息，体重逐渐减轻，显著消瘦、衰弱，常在数次发作后或陷于恶病质时死亡。

剖检可见，急性死亡的羊有脑膜炎和脑炎病变，还可见到六钩蚴在脑膜中移行时留下的弯曲伤痕。慢性期的病例则可在脑或脊髓的不同部位发现一个或数个大小不等的囊状多头蚴；在病变或虫体相接的颅骨处，骨质松软、变薄，甚至穿孔，致使皮肤向表面隆起；病灶周围脑组织或较远部位发炎，有时可见萎缩变性或钙化的多头蚴。

（2）防治 该病可实施手术摘除寄生在脑髓表层的虫体，即在多头蚴充分发育后，根据囊体所在的部位，手术开口后先用注射器吸去囊中液体，使虫体缩小，然后完整地摘除虫体。药物治疗可用吡喹酮，病羊按每千克体重每日50毫克，连用5天；或按每千克体重每日70毫克，连用3天，可取得80%的疗效。

该病的主要预防措施是，防止犬等肉食兽吃到带有多头蚴的脑和脊髓；对患畜的脑和脊髓应烧毁或深埋；对护羊犬应进行定期驱虫；注意消灭野犬、狼、狐、豺等终末宿主，以防病原进一步散布。

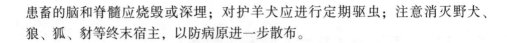

39. 什么是羊细颈囊尾蚴病？病原是什么？

细颈囊尾蚴病是由泡状带绦虫的幼虫——细颈囊尾蚴寄生于绵羊、山羊、黄牛、猪等多种家畜的肝脏浆膜、网膜及肠系膜所引起的一种绦虫疾病。

（1）病原　细颈囊尾蚴俗称"水铃铛"，多悬垂于腹腔脏器上。虫体呈泡囊状，内含透明液体。囊体大小不一，最大可至小儿头大。泡状带绦虫虫体长75~500厘米，链体由250~300个节片组成。虫卵近似圆形，长36~39微米，宽31~35微米，内含六钩蚴。

（2）生活史　成虫泡状带绦虫寄生于犬、狼、狐等肉食兽的小肠内，发育成熟后孕节或虫卵随粪便排出体外，污染草场、饲料或饮水。当中间宿主羊、牛等误食了孕节或虫卵后，在消化道内孵化出六钩蚴，钻入肠壁血管，随血流到达肝脏，并由肝实质内逐渐移行到肝脏表面寄生，或进入腹腔内寄生于大网膜、肠系膜及腹腔的其他部位，甚至可进入胸腔寄生于肺脏。幼虫生长发育3个月左右具有感染能力。

终末宿主肉食动物如吞食了含有细颈囊尾蚴的脏器后，在小肠内经过52~78天发育为成虫。

40. 怎样诊断和防治羊细颈囊尾蚴病？

（1）诊断　细颈囊尾蚴病生前诊断非常困难，诊断时须参照其症状表现，并在尸体剖检时发现虫体（俗称"水铃铛"）及相应病变才能确诊。

通常成年羊症状表现不显著，羔羊则症状表现明显。当肝脏及腹膜在六钩蚴的作用下发生炎症时，可出现体温升高，精神沉郁，腹水增加，腹壁有压痛，甚至发生死亡。经过上述急性发作后则转为慢性病程，一般表现为消瘦、衰弱和黄疸等症状。

剖检可见，慢性病例可见肝脏浆膜、肠系膜、网膜上具有数量不等、大小不一的虫体疱囊，严重时还可在肺和胸腔处发现虫体。急性病程时，可见急性肝炎及腹膜炎，肝脏肿大、表面有出血点，肝实质中有虫体移行的虫道，有时

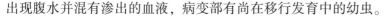

出现腹水并混有渗出的血液，病变部有尚在移行发育中的幼虫。

（2）防控措施　目前，尚无有效治疗方法。为了有效预防该病的发生，含有细颈囊尾蚴的脏器应进行无害化处理，未经煮熟严禁喂犬；在该病的流行地区应及时给犬进行驱虫；注意捕杀野犬、狼、狐等肉食兽；做好羊饲料、饮水及圈舍的清洁卫生工作，防止被犬粪污染。

41. 什么是绵羊痘和山羊痘？怎样诊断？

绵羊痘和山羊痘分别是由痘病毒科羊痘病毒属的绵羊痘病毒、山羊痘病毒引起的绵羊和山羊的急性热性接触性传染病。世界动物卫生组织（WOAH）将其列为必须报告的动物疫病，2022年6月，我国农业农村部发布的573号公告中，将其列为二类动物疫病。

根据流行病学特点、临床症状和病理变化等可做出诊断，必要时进行实验室诊断。

（1）流行特点　病羊是主要的传染源，主要通过呼吸道感染，也可通过损伤的皮肤或黏膜侵入机体。饲养和管理人员，以及被污染的饲料、垫草、用具、皮毛产品和体外寄生虫等均可成为传播媒介。

在自然条件下，绵羊痘病毒只能使绵羊发病，山羊痘病毒只能使山羊发病。该病传播快、发病率高，不同品种、性别和年龄的羊均可感染，羔羊较成年羊易感，细毛羊较其他品种的羊易感，粗毛羊和土种羊有一定的抵抗力。该病一年四季均可发生，我国多发于冬、春季节。

该病一旦传播到无该病地区，易造成流行。

（2）临床症状　绵羊痘和山羊痘的潜伏期一般为7~14天。感染初期表现为发热，精神、食欲渐差。经2~3天，当体温升至40℃以上时，即先在体表无毛或少毛部皮肤及可视黏膜上出现痘疹，随后在全身出现散在或密集的痘疹，进而形成痘肿，分典型痘肿和非典型痘肿。

典型（全经过型）痘肿：初起时，痘肿呈圆形皮肤隆起，皮肤呈微红色，边缘整齐，进而发展为皮下湿润、水肿、水泡、化脓、结痂等系列反应。同时，痘肿的质地由软变硬；皮肤颜色也由微红逐渐变为深红、紫红，严重的可成为"血痘"。患羊一般为全身发痘，并伴有全身性反应。

非典型（不全经过型）痘肿：痘肿在发生、发展，直至消退的全过程中，皮肤无明显红色，无严重水肿，以及出现水泡、化脓、结痂等系列反应，痘肿

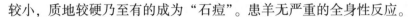

较小，质地较硬乃至有的成为"石痘"。患羊无严重的全身性反应。

有的病羊随着病程的发展可见鼻炎、眼结膜炎、失明、浅表淋巴结肿大、喜卧不起、废食、呼吸困难、肺炎和继发感染等症状。严重时，体温急剧下降，随后死亡。

存活病羊，可在痘肿结痂后1~2个月，因结痂自然脱落，而在皮肤上留下痘疮（疤）。

（3）病理变化　病羊痘肿皮肤的主要病理变化表现为一系列的炎性反应。包括细胞浸润、水肿、坏死和形成毛细血管血栓等。尸体剖检可见，不同程度的黏膜坏死、全身淋巴结肿大、呼吸器官和消化器官上有大小、多少不等的痘斑、结节或溃疡。特别是在肺脏尤为明显。在肝、肾表面，偶能见到白斑。

（4）实验室诊断　根据临床症状可作出初步判断。在皮肤或可视黏膜上有明显呈散在或密集痘疹、痘肿或病理变化明显的判为病羊；精神、食欲、体态有异常；皮肤或可视黏膜上有疑似痘疹、痘痕（疤）的判为疑似羊。疑似羊应继续观察或进行血清学试验、电镜检查或包涵体检查，但必须在相应级别的生物安全实验室进行。

42. 发生绵羊痘和山羊痘以后如何处置？

（1）报告疫情　任何单位和个人发现患有该病或者疑似该病的病羊，都应当立即向当地动物防疫监督机构报告。动物防疫监督机构接到疫情报告后，按国家动物疫情报告的有关规定执行。

（2）疫情处理　根据流行病学特点、临床症状和病理变化做出的临床诊断结果，可做为疫情处理的依据。

① 发现或接到疑似疫情报告后，动物防疫监督机构应及时派员到现场进行临床诊断、流行病学调查、采样送检。对疑似病羊及同群羊应立即采取隔离、限制移动等防控措施。

② 当确诊后，当地县级以上人民政府兽医主管部门应当立即划定疫点、疫区、受威胁区，并采取相应措施；同时，及时报请同级人民政府对疫区实行封锁，逐级上报至国务院兽医主管部门，并通报毗邻地区。

划定疫点、疫区、受威胁区：疫点是指病羊所在的地点，一般是指患病羊所在的养殖场（户）或其他有关屠宰、经营单位。如为农村散养，应将自然村划为疫点；由疫点边缘外延3千米范围内的区域为疫区，在实际划分疫区时，应考虑当地饲养环境和自然屏障（如河流、山脉等）以及气象因素，科学确定疫区范围；受威胁区是指疫区边缘外延 5 千米范围内的区域。

封锁：县级以上人民政府在接到封锁报告后，应立即发布封锁令，对疫区进行封锁。

扑杀：在动物防疫监督机构的监督下，对疫点内的病羊及其同群羊彻底扑杀。

无害化处理：对病死羊、扑杀羊及其产品的无害化处理；对病羊排泄物和被污染或可能被污染的饲料、垫料、污水等均需通过焚烧、密封堆积发酵等方法进行无害化处理；病死羊、扑杀羊尸体需要运送时，应使用防漏容器，须有明显标志，并在动物防疫监督机构的监督下实施。

紧急免疫：对疫区和受威胁区内的所有易感羊进行紧急免疫接种，建立免疫档案。紧急免疫接种时，应遵循从受威胁区到疫区的顺序进行免疫。

紧急监测：对疫区、受威胁区内的羊群必须进行临床检查和血清学监测。

疫源分析与追踪调查：根据流行病学调查结果，分析疫源及其可能扩散、流行的情况。对可能存在的传染源，以及在疫情潜伏期和发病期间售（运）出的羊类及其产品、可疑污染物（包括粪便、垫料、饲料等）等应当立即开展追踪调查，一经查明立即进行无害化处理。

封锁令的解除：疫区内没有新的病例发生，疫点内所有病死羊、被扑杀的同群羊及其产品按规定处理 21 天后，对有关场所和物品进行彻底消毒，经动物防疫监督机构审验合格后，由当地兽医主管部门提出申请，由原发布封锁令的人民政府发布解除封锁令。

处理记录：对处理疫情的全过程必须做好详细记录（包括文字、图片和影像等），并完整建档。

43. 怎样防控绵羊痘和山羊痘？

绵羊痘和山羊痘的防控以免疫为主，采取"扑杀与免疫相结合"的综合性防控措施。

（1）加强饲养管理与环境控制　饲养、生产、经营等场所必须符合《动物防疫条件审核管理办法》规定的动物防疫条件，并加强种羊调运检疫管理。饲养场要控制人员、车辆和相关物品出入，严格执行清洁和消毒程序。

（2）搞好消毒　各饲养场、屠宰厂（场）、动物防疫监督检查站等要建立严格的卫生（消毒）管理制度。羊舍、羊场环境、用具、饮水等应定期进行严格消毒；饲养场出入口处应设置消毒池，内置有效消毒剂。

（3）免疫预防　对疫病流行地区的羊进行免疫。60日龄左右进行初免，以后每隔12个月加强免疫1次。使用疫苗：山羊痘活疫苗。

（4）加强免疫监测　县级以上动物防疫监督机构按规定实施。非免疫区域以流行病学调查、血清学监测为主，结合病原鉴定；免疫区域以病原监测为主，结合流行病学调查、血清学监测。监测结果要及时汇总，由省级动物防疫监督机构定期上报中国动物疫病预防控制中心。

（5）严格检疫　国内异地引种时，应从非疫区引进，并取得原产地动物防疫监督机构的检疫合格证明。调运前隔离21天，并在调运前15天至4个月进行过免疫。从国外引进动物，按国家有关进出口检疫规定实施检疫。

（6）严格消毒　对饲养场、屠宰厂（场）、交易市场、运输工具等要建立并实施严格的消毒制度。

44. 什么是山羊传染性胸膜肺炎？

山羊传染性胸膜肺炎，是由支原体引起的羊的一种高度接触性传染病。该病以发热、咳嗽、浆液性和纤维蛋白性肺炎以及胸膜炎为特征。

引起山羊支原体性肺炎的病原体为丝状支原体山羊亚种，分类上属于支原体科，支原体属。这种支原体的形态也具多形性，在培养基（琼脂浓度约为0.7%）上生长时，也是一般支原体都具有的"煎蛋"状菌落，而且山羊、绵羊均可感染致病。丝状支原体山羊亚种对理化因素的抵抗力弱，对红霉素高度敏感，但对青霉素、链霉素不敏感；而绵羊肺炎支原体则对红霉素不敏感。

45. 山羊传染性胸膜肺炎的诊断要点有哪些？

（1）流行特点　自然条件下，丝状支原体山羊亚种只感染山羊，以3岁以下的山羊发病为多；而绵羊肺炎支原体则可感染山羊和绵羊。病羊为主要传染源，病脑组织以及胸腔渗出液中含有大量病原体，主要经呼吸道分泌物排菌。耐过羊在相当长的时期内也可成为传染源。该病常呈地方性流行，主要通过空气-飞沫经呼吸道传染，接触传染性强。阴雨连绵、寒冷潮湿、营养缺乏、羊群密集、拥挤等不良因素易诱发该病。

（2）临床症状

急性病例：潜伏期2~28天。初期病羊咳嗽、不愿走动并出现发热（达41℃或以上），逐渐出现呼吸急促（有时会发出呼噜声）和剧烈咳嗽等症状，发病后期，病羊四肢外展站立且脖颈伸直，口鼻持续流涎，鼻孔逐渐被脓性分泌物堵住，舌头伸出，死亡。

慢性病例：病程持续时间长，可达数月，一般仅表现消瘦、厌食、间歇性咳嗽、流涕和发热（持续3~10天）等。

病理变化仅局限于胸腔。急性病例肺组织肝变（多数为单侧非对称性肝变，呈葡萄酒颜色）、肺和胸膜黏连、胸腔积有纤维素性渗出液等，严重时胸腔渗出物暴露于空气中，在肺表面形成一层胶状包膜。慢性病例肺组织局部出现小面积肝变或坏死灶。

46. 怎样防治山羊传染性胸膜肺炎？

① 坚持自繁自养，勿从疫区引进羊只；加强饲养管理，增强羊的体质；对从外地引进的羊，严格隔离，检疫无病后方可混群饲养。

② 该病流行区坚持免疫接种。山羊传染性胸膜肺炎氢氧化铝灭活疫苗，半岁以下羊只皮下或肌内接种3毫升，半岁以上羊接种5毫升。

③ 羊群发病，及时进行封锁、隔离和治疗。污染的场地、圈舍、饲管用具以及粪便、病死羊的尸体等进行彻底消毒或无害化处理。

④ 新矾钠明"914"治疗，5月龄以下羔羊0.1~0.15克，5个月龄以上羊0.2~0.25克，用灭菌生理盐水或5%葡萄糖盐水稀释为5%溶液，1次静脉注射，必要时间隔4~7天再注射1次；也可用磺胺嘧啶钠注射液，皮下注射，按每千克体重0.15毫升，每天1次。病羊初期治疗用盐酸土霉素，按每天每千克体重20~50毫克，分2次内服，也有效。

47. 什么是山羊关节炎-脑炎？

山羊关节炎-脑炎是由山羊关节炎-脑炎病毒引起山羊的一种慢性病毒性传染病。其主要特征是成年山羊呈缓慢发展的关节炎，间或伴有间质性肺炎和间质性乳房炎；2~6月龄羔羊表现为上行性麻痹的神经症状。该病最早可追溯到瑞士（1964年）和德国（1969年），称为山羊肉芽肿性脑脊髓炎、慢性淋巴细胞性多发性关节炎、脉络膜-虹膜睫状体炎，实际上与20世纪70年代美国山羊病毒性白质脑脊髓炎在症状上相似。1980年，Crawford等人从美国1例患慢性关节炎的成年山羊体内分离到一株合胞体病毒，接种SPF山羊复制该病成功，证明上述病是该同一病毒引起的，统称为山羊关节炎-脑炎。

山羊关节炎-脑炎病毒（CAEV）为有囊膜的RNA病毒，在环境中相对较脆弱，56℃1小时可以完全灭活奶和初乳中的病毒。

48. 山羊关节炎-脑炎的诊断要点有哪些？

（1）流行特点　山羊是该病的主要易感动物。自然条件下，该病只在山羊之间相互传染发病，绵羊不感染。病羊和隐性带毒羊为主要传染源。感染羊可通过粪便、唾液、呼吸道分泌物、阴道分泌物、乳汁等排出病毒，污染环境。病毒主要经吮乳而感染羔羊，污染的牧草、饲料、饮水以及用具、器物可成为传播媒介，消化道是主要的感染途径。各种年龄的羊均有易感性，而以成年羊感染发病居多。感染母羊所产羔羊当年发病率为16%~19%，病死率高达100%，感染羊在良好的饲养管理条件下，多不出现临床症状或症状不明显，只有通过血清学检查才被发现。饲养管理不良、长途运输或遭受到环境应激因素的刺激，则表现出临床症状。

（2）临床症状　依据临床表现，一般分为3种病型：脑脊髓炎型、关节炎型和肺炎型，多为独立发生。

①脑脊髓炎型。潜伏期53~131天。脑脊髓炎型主要发生于2~6月龄山羊羔，也可发生于较大年龄的山羊。病初患羊精神沉郁、跛行，随即四肢僵硬，共济失调，一肢或数肢麻痹，横卧不起，四肢划动。有些病羊眼球震颤，角弓反张，头颈歪斜或转圈运动，有时面神经麻痹，吞咽困难或双目失明。少数病例兼有肺炎或关节炎症状。病程半月至数年，最终死亡。

②关节炎型。关节炎多发生于1岁以上的成年山羊，多见腕关节肿大、跛行，膝关节和跗关节也可发生炎症。一般症状缓慢出现，病情逐渐加重，也可突然发生。发炎关节周围的软组织水肿，起初发热、波动，疼痛敏感，进而关节肿大，活动不便，常见前肢跪地膝行。个别病羊肩前淋巴结和腘淋巴结肿大。发病羊多因长期卧地、衰竭或继发感染而死亡。病程较长，1~3年。

③肺炎型。肺炎型病例在临床上较为少见。患羊进行性消瘦，衰弱，咳嗽，呼吸困难，肺部叩诊有浊音，听诊有湿啰音。各种年龄的羊均有发生，病程3~6个月。

除上述3种病型外，哺乳母羊有时发生间质性乳房炎。

（3）病理变化　病变多见于神经系统、四肢关节、肺脏及乳房。

①脑脊髓炎型。小脑和脊髓的白质有5毫米大小的棕红色病灶。组织病理学观察，呈现中枢神经系统的非化脓性脑炎以及颈部脊髓的脱髓鞘现象。

②关节炎型。发病关节肿胀、波动，皮下浆液渗出。关节滑膜增厚并有出血点。滑膜常与关节软骨粘连。关节腔扩张，充满黄色或粉红色液体，内有纤维素絮状物。病理组织学检查呈慢性滑膜炎，淋巴细胞和单核细胞浸润，严重者发生纤维蛋白坏死。

③肺炎型。肺脏轻度肿大，质地变硬，表面散在灰白色小点，切面呈斑块状实变区。支气管淋巴结和纵隔淋巴结肿大。病理组织学检查发现，细支气管以及血管周围淋巴细胞、单核细胞浸润，肺泡上皮增生，小叶间结缔组织增生，邻近细胞萎缩或纤维化。

④乳房炎型。病理组织学检查可见血管、乳导管周围以及腺叶间有大量淋巴细胞、单核细胞和噬细胞渗出，间质常发生局灶性坏死。

少数病例肾脏表面有1~2毫米灰白色小点，组织学检查表现为广泛性肾小球肾炎。

（4）类症鉴别　山羊关节炎-脑炎通常须与梅迪-维斯纳病进行鉴别。自然情况下，山羊关节炎-脑炎只感染山羊，梅迪-维斯纳病主要感染绵羊，也可感染山羊。通过病毒基因组核酸序列分析，可对2种病毒进行区别。

49. 山羊关节炎-脑炎的防控措施有哪些？

该病目前尚无疫苗和有效治疗方法。防控该病主要以加强饲养管理和采取综合性防疫卫生措施为主。加强检疫，禁止从疫区（疫场）引进种羊；引进种羊前，应先作血清学检查，运回后隔离观察1年，其间再做2次血清学检查（间隔半年），均为阴性时才可混群。采取检疫、扑杀、隔离、消毒和培育健康羔羊群的方法对感染羊群实行净化。羊群严格分圈饲养，一般不予调群；羊圈除每天清扫外，每周还要消毒1次（包括饲管用具），羊奶一律消毒处理；怀孕母羊加强饲养管理，使胎儿发育良好，羔羊产后立刻与母羊分离，用消毒过的喂奶用具喂以消毒羊奶或消毒牛奶，至 2 月龄时开始进行血清学检查，阳性者一律淘汰。在全部羊只至少连续 2 次（间隔半年）呈血清学阴性时，方可认为该羊群已经净化。

50. 什么是绵羊肺腺瘤病？

绵羊肺腺瘤病又名"绵羊肺癌"或"驱赶病"，是由绵羊肺腺瘤病病毒引起的一种慢性、接触性传染肺脏肿瘤病。病的特征为潜伏期长，肺泡和支气管上皮进行性肿瘤性增生，病羊消瘦，咳嗽，呼吸困难，终归死亡。

绵羊肺腺瘤病病毒抵抗力不强，56℃ 30 分钟可灭活，对氯仿和酸性环境敏感。-20℃条件下，病肺细胞里的病毒可存活数年。病毒组织培养较为困难，可于易感绵羊的支气管上皮细胞内增殖；气管内接种易感羔羊，10～22 个月后，在其肺内可产生病变。

51. 绵羊肺腺瘤病的诊断要点有哪些？

（1）流行特点　各种品种和年龄的绵羊均能发病，以美利奴绵羊的易感性为高，几乎临床发病多为 3～5 岁的绵羊，2 岁以内的羊较少出现症状。除绵羊外，山羊也可发生。病羊是主要传染来源，病羊通过咳嗽、喘气将病毒排出，经呼吸道使附近的易感羊感染。羊群拥挤，尤其在密闭的圈舍中，有利于该病的传播。气候寒冷可使病情加重，也容易引起感染羊继发细菌性肺炎，致使病程缩短，死亡增多。

（2）临床症状　潜伏期很长，半年至 2 年不等。人工感染的潜伏期长达 3～7 个月。只有成年绵羊和较大的羊才见到临诊表现，病羊逐渐出现虚弱、消瘦、呼吸困难的症状。病初患羊因剧烈运动而呼吸加快，随病的发展，呼吸快而浅表，吸气时常见头颈伸直、鼻孔扩张。病羊常有湿性咳嗽。当支气管分泌物积聚于鼻腔时，则出现鼻塞音，低头时，分泌物自鼻孔流出。分泌物检查，可见增生的上皮细胞。肺部叩诊、听诊，可听见湿啰音和肺实变区。疾病后期，病羊衰竭、消瘦、贫血，但仍可站立。体温一般正常。病羊常继发细菌性感染，引起化脓性肺炎，导致急性、有时可能呈发热性病程。病羊最终因虚脱而死亡，病死率高，可达 100%。

（3）病理变化 病羊死后的病理变化主要局限于肺部及胸部。早期病羊肺尖叶、心叶、膈叶前缘等部位出现弥散性小结节，质地硬，稍突出于肺表面，切面可见颗粒状突起物，反光性强。随病的进展，肺脏出现大量肿瘤组织构成的结节，粟粒至枣子大小。有时一个肺叶的结节增生、融合而形成较大的肿块。继发感染时则形成大小不一的脓肿。患区胸膜增厚，常与胸壁、心包膜粘连。支气管淋巴结、纵膈淋巴结增大，也形成肿块。体腔内常积聚有少量的渗出液。病理组织学检查，肿瘤是由支气管上皮细胞所组成，除见有简单的腺瘤状构造外，还可见到乳头状瘤构造。新增生的细胞呈立方形，胞浆丰富，洗染可见核丰富，呈圆形或卵圆形，有的无绒毛结构。排列紧密的上皮细胞由于异常增生面向肺泡腔和细支气管内延伸，形如乳头状或手指状，逐渐取代正常的肺泡腔。在肺腺瘤病灶之间的肺泡内有大量的巨嗜细胞浸润。这些细胞常被腺瘤上皮分泌的黏液连在一起，形成细胞团块。支气管淋巴结、纵隔淋巴结失去正常结构，代之以类似肺部的腺瘤状构造。

（4）类症鉴别 绵羊肺腺瘤病应与巴氏杆菌病、梅迪-维斯纳病以及蠕虫性肺炎等肺部疾患进行区别诊断。绵羊肺腺瘤病的一个很重要的特点是，在疾病症状明显期可从病羊鼻腔采集到大量的水样分泌物。

① 绵羊肺腺瘤病与巴氏杆菌病的鉴别。巴氏杆菌病是一种急性、热性传染病，病羊全身症状严重而明显，体温高达 $41\sim42℃$。有些病羊剧烈腹泻，粪便恶臭。病羊颈部、胸部发生水肿，肺脏淤血、点状出血或发生实变；肝脏常有坏死性病灶；胃肠道有出血性炎症。采集血液、病变组织可分离出多杀性巴氏杆菌。

② 绵羊肺腺瘤病与梅迪-维斯纳病的鉴别。绵羊脑腺瘤病与梅迪-维斯纳病在临床表现上类似，均引起慢性、进行性的肺炎症状，但病理组织学变化上不同，绵羊肺腺瘤病以增生性、肿瘤性肺炎为主要特征，病理切片观察，可发现肺泡上皮细胞和细支气管上皮细胞异型性增生，形成腺样构造；而梅迪-维斯纳病则以间质性肺炎为特征，间质增厚变宽，平滑肌增生，支气管和血管周围淋巴样细胞浸润。也可通过血清学试验进行区别。

③ 绵羊肺腺瘤病与蠕虫病的鉴别。蠕虫性肺炎在病理剖检或者组织切片中均可发现虫体，易与绵羊肺腺瘤病进行区别。

52. 怎样防控绵羊肺腺瘤病？

① 严禁从有该病的国家、地区引进羊。进口绵羊时，加强口岸检疫工作，引进羊应严格隔离观察，证明无病后方可混入大群饲养。

② 该病目前尚无有效的治疗方法，也无特异性的预防治剂可供使用。羊群一经传入该病，很难清除，故须全群淘汰，以消除病原，并通过建立无绵羊肺腺瘤病的健康羊群，逐步消灭该病。

53. 什么是梅迪-维斯纳病？

梅迪-维斯纳病是由梅迪-维斯纳病毒引起的一种绵羊慢病毒病，其特征为病程缓慢、进行性消瘦和呼吸困难。梅迪病和维斯纳病最初是用来命名在冰岛发现的 2 种绵羊疾病，其含义分别是呼吸困难和消瘦，目前，已知这 2 种病症是由同一种病毒引起的。

梅迪-维斯纳病病毒在 pH 值 7.2~7.9 环境中最稳定，在 pH 值 4.2 以下易于灭活，在 56℃ 经 10 分钟可被灭活。4℃ 条件下可存活 4 个月。该病毒可被 0.04% 甲醛或 4% 酚及 50% 乙醇灭活。对乙醚、胰蛋白酶及过碘酸盐敏感。

54. 梅迪-维斯纳病的诊断要点有哪些？

（1）流行特点　梅迪-维斯纳病主要是绵羊的一种疾病，山羊也可感染。该病发生于所有品种的绵羊，无性别的区别，发病者多为 2~4 岁的成年绵羊。病羊和潜伏期感染羊为主要传染源。自然感染是由于吸入了病羊排出的含有病毒的飞沫所致，也可能经胎盘或乳汁垂直传播。易感绵羊经肺内注射病羊肺细胞的分泌物或血液可发生感染。也可通过污染的饲料、饮水以及牧草经消化道感染。该病多散发，发病率因地域而异。饲养密度过大会助长该病的传播流行。

（2）临床症状　梅迪-维斯纳病潜伏期很长，易感动物在接触病毒 1~3 年后才出现临床症状，随后呈进行性病程。

①梅迪病（呼吸道型）。梅迪病患羊首先表现为放牧时掉群，出现干咳，随之呼吸困难日渐加重。病羊鼻孔扩张，头高仰，呼吸急促，听诊或叩诊可听到啰音或实音区。病羊体温一般正常，呈现慢性、进行性间质性肺炎，体重下降，逐渐消瘦、衰弱，最终死亡。病程一般为2~5个月甚至数年，病死率高。

②维斯纳病（神经型）。维斯纳病病羊最初表现为步态异常，运动失调和轻瘫，特别是后肢，易失足和发软。轻瘫逐渐加重最后发生全瘫。有些病例头部也有异常表现，口唇和眼睑震颤，头偏向一侧。病情缓慢进展并恶化，四肢陷入对称性麻痹而死亡。病程数月甚至数年。感染绵羊可终身带毒，但大多数羊并不出现临诊症状。

（3）病理变化

①梅迪病。梅迪病的病理变化主要见于肺脏及周围淋巴结。病脑体积和重量均增大2~4倍，呈浅灰黄色或暗红色，触之有橡皮样感觉。肺脏组织增生，质地如肌肉，以隐叶的变化最为严重，心叶、尖叶次之。仔细观察，在胸膜下散在许多针尖大小、半透明、暗灰白色的小点。肺小叶间质明显增生，呈暗灰色细网状花纹，在网眼中显出针尖大小的暗灰色小点。病肺切面干燥，如滴加50%~98%醋酸，很快会出现针尖大小的小结节。支气管淋巴结肿大，平均重量可达40克（正常为10~15克），切面间质发白。病理组织学变化主要为慢性间质性肺炎。肺泡间隔增厚，淋巴样组织增生。在细支气管、血管和脑细胞周围出现弥漫性淋巴细胞、单核细胞以及巨噬细胞的浸润。微小的细支气管上皮、肺泡间隔平滑肌、血管平滑肌上皮增生。

②维斯纳病。维斯纳病眼视病变不显著。病理组织学变化主要表现为弥漫性脑膜脑炎，脑膜及血管周围淋巴细胞和小胶质细胞增生、浸润并出现血管套现象。大脑、小脑、脑桥、延脑和脊髓白质内出现弥漫性脱髓鞘现象，在脑膜附近形成脱髓鞘腔。

（4）类症鉴别　梅迪-维斯纳病通常应与绵羊肺腺瘤病、痒病等疾病进行鉴别。

①梅迪-维斯纳病与绵羊肺腺瘤病的鉴别。梅迪-维斯纳病与绵羊肺腺瘤病在临诊上均表现为进行性病程，很难区别。主要通过病理组织学检查进行鉴别：绵羊肺腺瘤病以增生性、肿瘤性肺炎为主要特征，可发现肺泡上皮细胞和肺支气管上皮细胞异型性增生，形成腺样构造；而梅迪病则以间质性肺炎为特征，间质增厚变宽，平滑肌增生，支气管和血管周围淋巴样细胞浸润。也可通过血清学试验进行区别。

②梅迪-维斯纳病与痒病的鉴别。某些不呈瘙痒症状的痒病患羊，在临诊

表现上可能与维斯纳病相似，可经病理组织学检查进行区别。痒病患羊的特异性变化是神经元空泡化，即海绵样变性；而维斯纳病病羊则呈现弥漫性脑膜脑炎变化，具有明显的细胞浸润和血管套现象，并发生弥漫性脱髓鞘变化。此外，痒病缺乏免疫学反应，而梅迪-维斯纳病可用免疫血清学方法检出血清中的抗体。

 55. 怎样防控梅迪-维斯纳病？

① 应从未发生该病的国家或地区引进绵羊和山羊。动物在引进前30天进行梅迪-维斯纳病琼脂扩散试验检测，结果阴性者方可启运。口岸检疫中，如发现梅迪-维斯纳病阳性动物，则作退回或扑杀销毁处理，同群动物严格隔离观察。

② 该病迄今尚无特异性疫苗供免疫接种，也无有效的治疗方法。应防止健康羊群与病羊接触，发病羊及时隔离、淘汰。病尸或污染物应销毁或作无害化处理。圈舍、饲管用具应用2%氢氧化钠或4%石炭酸消毒。定期用血清学试验检测羊群，淘汰有临诊症状的羊以及血清学反应阳性的羊及其后代，以清除该病，净化畜群。

56. 什么是羊传染性脓疱皮炎？有什么主要临床症状？

羊口疮又称羊传染性脓疱皮炎，是由病毒引起的绵羊和山羊的一种接触性传染病，以口唇、舌、鼻、乳房等部位形成丘疹、水疱、脓疱和结成疣状结痂为特征。不同地区分离的病毒抗原性不完全一致。

该病多发于3~6月龄的羔羊，常呈群发性，疫区的成年羊多有一定的抵抗力。

病羊以口唇部感染为主要症状。首先在口角、上唇或鼻镜上发生散在的小红斑点，以后逐渐变为丘疹、结节，继而形成小疱或脓疱，蔓延至整个口唇周围及颜面、眼睑和耳廓等部，形成大面积龟裂、易出血的污秽痂垢，痂垢下肉芽组织增生，嘴唇肿大外翻呈桑葚状突起。口腔黏膜也常受损害，黏膜潮红，在口唇内面、齿龈、颊部、舌及软腭黏膜上发生水疱，继而发生脓疱和烂斑。若伴有坏死杆菌等继发感染，则恶化成大面积的溃疡，深部组织坏死，口腔恶臭。病羊由于疼痛而不愿采食，流涎、精神不振、食欲减退或废绝、反刍减少、被毛粗乱无光、日渐消瘦。哺乳母羊的乳房也可能同样患病，主要是由于被小羊咬伤而感染。

 57. 怎样防治羊传染性脓疱皮炎？

（1）预防 该病主要通过受伤的皮肤和黏膜传染，因此，要保护皮肤和黏膜，不使其发生损伤。尽量不喂干硬的饲草，挑出其中的芒刺。给羊加喂适量食盐，以减少羊啃土啃墙，保护皮肤、黏膜。

不要从疫区引进羊及其产品，对引进的羊只隔离观察半月以上，确认无病后再混群饲养。

在该病流行地区，用羊口疮弱毒疫苗进行免疫接种。接种时按每头份疫苗加生理盐水在阴暗处充分摇匀，每只羊在口腔黏膜内注射 0.2 毫升，以注射处出现一个透明发亮的小水疱为准。也可把病羊口唇部的痂皮取下，研成粉末，用 5% 的甘油生理盐水稀释成 1% 的溶液，对未发病羊做皮肤划痕接种，经过 10 天左右即可以产生免疫力，对预防该病效果好。

（2）治疗 首先隔离病羊，对圈舍、运动场进行彻底消毒。给病羊柔软、易消化、适口性好的饲料，保证充足的清洁饮水。

治疗前，先将病羊口唇部的痂垢剥除干净，用淡盐水或 0.1% 高锰酸钾水充分清洗创面，然后在羊口疮患处多次涂 2% 的龙胆紫溶液或 5% 的碘酊溶液。或用青霉素、氨基比林水合剂彻底清疮，再将冰硼散粉剂撒于患处，同时给病羊灌服少量 0.1% 的高锰酸钾溶液，每天 1 次，连用 4 天。给病羊注射抗菌药物，可防止继发感染，每天 2 次，连用 3 天。

 58. 什么是羊快疫？其病原是什么？

羊快疫是由腐败梭菌经消化道感染引起的主要发生于绵羊的一种急性传染病。该病以突然发病，病程短促，真胃出血性炎性损害为特征。

病原为腐败梭菌，革兰氏阳性的厌氧大杆菌，菌体正直，两端钝圆，用死亡羊的脏器，特别是肝脏被膜触片染色后镜检，常见到无关节的长丝状菌体，这一特征对诊断该病有重要价值。在动物体内外均可产生芽孢，不形成荚膜，可产生多种毒素。具有致死、坏死特性。发病羊多为 6~18 月龄的绵羊，山羊较少发病，主要经消化道感染。

 59. 羊快疫的诊断要点有哪些？

（1）流行特点　发病羊多为 6~18 月龄、营养较好的绵羊，山羊较少发病。主要经消化道感染。腐败梭杆菌通常以芽孢体形式散布于自然界，特别是潮湿、低洼或沼泽地带。羊只采食污染的饲草或饮水，芽孢体随之进入消化道，但并不一定引起发病。当存在诱发因素时，特别是秋冬或早春季节气候骤变、阴雨连绵之际，寒冷饥饿或采食了冰冻带霜的草料时，机体抵抗力下降，腐败梭菌即大量繁殖，产生外毒素，使消化道黏膜发炎、坏死并引起中毒性休克，使患病羊迅速死亡。该病以散发性流行为主，发病率低而病死率高。

（2）临床症状　患羊往往来不及表现临床症状即突然死亡，常见在放牧时死于牧场或早晨发现死于圈舍内。病程稍缓者，表现为不愿行走、运动失调、腹痛、腹泻、磨牙抽搐，最后衰弱昏迷，口流带血泡沫，多于数分钟或几小时内死亡，病程极为短促。

（3）病理变化　病死羊尸体迅速腐败膨胀。剖检可见，黏膜充血呈暗紫色。体腔多有积液。特征性表现为真胃出血性炎症，胃底部及幽门部黏膜可见大小不等的出血斑点及坏死区，黏膜下发生水肿。肠道内充满气体，常有充血、出血、坏死或溃疡。心内、外膜可见点状出血。胆囊多肿胀。

（4）类症鉴别　羊快疫通常应与炭疽、羊肠毒血症和羊黑疫等类似疾病相鉴别。

① 羊快疫与羊炭疽的鉴别。羊快疫与羊炭疽的临床症状和病理变化较为相似，可通过病原学检查区别腐败梭菌和炭疽杆菌。此外，也可采集病料做炭疽沉淀试验进行区别诊断。

② 羊快疫与羊肠毒血症的鉴别。羊快疫与羊肠毒血症在临床表现上很相似，可通过以下几个方面进行区别。羊快疫多发于秋冬和早春，多见于阴冷潮湿地区，诱因常为气候骤变，阴雨连绵，风雪交加，特别是在采食了冰冻带霜的草料时多发。羊肠毒血症在牧区多发于春夏之交和秋季，农区则多发于夏秋收割季节，羊采食过量谷类或青贮多汁及富含蛋白质的草料时。发生羊肠毒血症时病羊常有血糖和尿糖升高现象，羊快疫则无。

羊快疫有显著的真胃出血性炎症，羊肠毒血症则多见肾脏软化。

羊快疫病例肝被膜触片可见无关节长丝状的腐败梭菌，羊肠毒血症病例肾脏等实质器官可检出 D 型魏氏梭菌。

③ 羊快疫与羊黑疫的鉴别。羊黑疫的发生常与肝片吸虫病的流行有关。羊黑疫病真胃损害轻微，肝脏多见坏死灶。病原学检查，羊黑疫病例可检出诺维氏梭菌；羊快疫病例则可检出腐败梭菌，且可观察到腐败梭菌呈无关节长丝状的特征。

 60. 怎样防治羊快疫？

① 常发病地区，每年定期接种"羊快疫、肠毒血症、猝死三联苗"或"羊快疫、肠毒血症、猝死、羔羊痢疾、黑疫五联苗"，羊不论大小，一律皮下或肌内注射 5 毫升，注苗后 2 周产生免疫力，保护期达半年。

② 加强饲养管理，防止严寒袭击。有霜期早晨放牧不要过早，避免采食霜冻饲草。

③ 发病时及时隔离病羊，并将羊群转移至高燥牧地或草场，可收到减少或停止发病的效果。

④ 该病病程短促，往往来不及治疗。病程稍拖长者，可肌注青霉素，每次 80~100 万单位，1 日 2 次，连用 2~3 日；内服磺胺嘧啶，1 次 5~6 克，连服 3~4 次；也可内服 10%~20% 石灰乳 500~1 000 毫升，连服 1~2 次。必要时可将 10% 安钠咖 10 毫升加于 500~1 000 毫升 5%~10% 葡萄糖溶液中，静脉滴注。

 61. 什么是羊肠毒血症？病原是什么？

羊肠毒血症又称"软肾病"或"类快疫"，是由 D 型魏氏梭菌在羊肠道内大量繁殖产生毒素引起的，主要发生于绵羊。该病以急性死亡、死后肾组织易于软化为特征。

魏氏梭菌又称为产气荚膜杆菌，分类上属于梭菌属。该菌为厌氧性粗大杆菌，革兰氏染色阳性，在动物体内可形成荚膜，芽孢位于菌体中央。该菌可产生 α、β、γ 等多种外毒素，依据毒素-抗毒素中和试验可将魏氏梭菌分为 A、B、C、D、E 5 个毒素型。羊肠毒血症由 D 型魏氏梭菌所引起。

62. 羊肠毒血症的诊断要点有哪些？

（1）流行特点　发病以绵羊为多，山羊较少。通常以 2～12 月龄、膘情较好的羊只为主。魏氏梭菌为土壤常在菌，也存在于污水中，通常羊只采食被芽孢污染的饲草或饮水，芽孢随之进入消化道，一般情况下并不引起发病。当饲料突然改变，特别是从吃干草改为采食大量谷类或鲜嫩多汁和富含蛋白质的草料之后，导致羊的抵抗力下降和消化功能紊乱。D 型魏氏梭菌在肠道迅速繁殖，产生大量毒素，经胰蛋白酶激活变为毒素进入血液，引起全身毒血症，发生休克而死亡。该病的发生常表现一定的季节性，牧区以春夏之交抢青时和秋季牧草结籽后的一段时间发病为多；农区则多见于收割抢茬季节或补食大量富含蛋白质饲料时。一般呈散发性流行。

（2）临床症状　该病发生突然，病羊呈腹痛、肚胀症状。患病羊常离群呆立、卧地不起或独自奔跑。濒死期发生肠鸣或腹泻，排出黄褐色水样稀粪。病羊全身颤抖、磨牙，头颈后仰，口鼻流沫，于昏迷中死去。体温一般不高，血、尿常规检查有血糖、尿糖升高现象。

（3）病理变化　病变主要限于消化道、呼吸道和心血管系统。真胃内有未消化的饲料；肠道特别是小肠充血、出血，严重者整个肠段肠壁血红色或有溃疡。肺脏出血、水肿。肾脏软化如泥样，一般认为是一种死后的变化。体腔积液，心脏扩张，心内、外膜有出血点。

（4）类症鉴别　该病应与炭疽、巴氏杆菌病和羊快疫等相鉴别。

① 羊肠毒血症与炭疽的鉴别。炭疽可致各种年龄的羊只发病，临床检查有明显的体温反应，死后尸僵不全，可视黏膜发绀，天然孔流血，血液凝固不良。剖检可见，脾脏高度肿大。细菌学检查可发现具有荚膜的炭疽杆菌，此外，炭疽环状沉淀试验也可用于鉴别诊断。

② 羊肠毒血症与巴氏杆菌病的鉴别。巴氏杆菌病病程多在 1 天以上，临床表现有体温升高，皮下组织出血性胶样浸润，后期则呈现肺炎症状。病羊猝狙料涂片镜检可见革兰氏阴性、两极染色的巴氏杆菌。

③ 羊肠毒血症与羊快疫的鉴别参见羊快疫。

63. 怎样防治羊肠毒血症？

① 常发病地区，每年定期接种"羊快疫、肠毒血症、猝狙三联苗"或"羊快疫、肠毒血症、猝狙、羔羊痢疾、黑疫五联苗"，羊只不论大小，一律皮下注射或肌内注射 5 毫升，注苗后 2 周产生免疫力，保护期达半年。

② 加强饲养管理，农区、牧区春夏之际少抢青、抢茬，秋季避免采食过量结籽牧草。发病时及时转移至高温牧地草场。

③ 该病病程短促，往往来不及治疗。羊群出现病例多时，对未发病羊只可内服 10%~20% 石灰乳 50~100 毫升进行预防。

 64. 如何诊断羔羊梭菌性痢疾？

羔羊梭菌性痢疾简称羔羊痢疾，是由 B 型魏氏梭菌引起的初生羔羊的一种毒血症，以剧烈腹泻和小肠发生溃疡为特征。诊断要点如下。

（1）流行特点 该病主要发生于 7 日龄以内的羔羊，尤以 2~5 日龄羔羊发病为多。羔羊生后数日，B 型魏氏梭菌可通过吮乳、羊粪或饲养人员手指进入消化道，也可通过脐带或创伤感染。在不良因素的作用下，病菌在小肠大量繁殖，产生毒素（主要为 β 毒素），引起发病。羔羊痢疾的诱发因素主要有：母羊怀孕期营养不良，羔羊体质瘦弱；气候骤变，寒冷袭狙，特别是大风雪后，羔羊受冻；哺乳不当，饥饱不均。该病可使羔羊发生大批死亡，特别是草质差的年份或气候寒冷多变的月份，发病率和病死率均高。

（2）临床症状 潜伏期 1~2 天。病初羔羊精神委顿，食欲低下；不久即下痢，粪便恶臭，有的稠如面糊，有的稀薄如水，颜色黄绿、黄白甚至灰白，部分病羔后期粪便带血，成为血便。病羔虚弱，卧地不起，常于 1~2 天内死亡。个别病羔腹胀而不下痢，或只排少量稀粪（也可能粪便带血或成血便），主要表现为神经症状，四肢瘫软，卧地不起，呼吸急促，口流白沫，最终昏迷。体温降至常温以下，多在数小时或十几小时内死亡。

（3）病理变化 尸体严重脱水，尾部污染有稀粪。真胃内有未消化的乳凝块；小肠尤其回肠黏膜充血发红，常可见直径 1~2 毫米的溃疡病灶，溃疡灶周围有一充血、出血带环绕；肠系膜淋巴结肿胀充血，间或出血；心包积

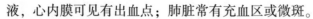

液，心内膜可见有出血点；肺脏常有充血区或微斑。

（4）类症鉴别 羔羊梭菌性痢疾应与沙门氏菌病、大肠杆菌病等类似疾病相区别。

① 羔羊梭菌性痢疾与沙门氏菌病的鉴别。由沙门氏菌引起的初生羔羊下痢，粪便也可夹杂有血液，剖检可见，真胃和肠黏膜潮红并有出血点，从心血、肝脏、脾脏和脑可分离到沙门氏菌。

② 羔羊梭菌性痢疾与大肠杆菌病的鉴别。由大肠杆菌引起的羔羊下痢，用魏氏梭菌免疫血清预防无效，而用大肠杆菌免疫血清则有一定的预防作用。在羔羊濒死或刚死时采集病料进行细菌学检查，分离出纯培养的致病菌株具有诊断意义。

65. 怎样防治羔羊梭菌性痢疾？

① 加强饲养管理，增强孕羊体质；产羔季节注意保暖，防止羔羊受冻；合理哺乳，避免饥饱不均；产前产后或接羔过程中都要注意清洁卫生。

② 每年产前定期接种"羊快疫、肠毒血症、猝狙、羔羊痢疾、黑疫五联苗"（参见羊快疫）。也可接种羔羊痢疾灭活疫苗，怀孕母羊分娩前 20~30 日皮下注射 2 毫升，再于分娩前 10~20 日第二次注苗 3 毫升，第二次接种后 10 日产生免疫力，经初乳可使羔羊获得被动免疫力。

③ 发病时，对病羔要做到及早发现，及早治疗，仔细护理。羔羊出生后 12 小时，可灌服土霉素 0.15~0.20 克，每日 1 次，连服 3 日，有一定预防效果。治疗羔痢的方法很多，可结合当地实际，因地制宜，合理选用。内服土霉素 0.2~0.3 克或再加等量胃蛋白酶，水调灌服，1 日 2 次，连服 2~3 日；用磺胺嘧啶 0.5 克、鞣酸蛋白 0.2 克、次硝酸钠 0.2 克、碳酸氢钠 0.2 克或再加呋喃唑酮 0.1~0.2 克，水调灌服，1 日 3 次，连服 2~3 日。也可用微生态制剂（如促菌生、调痢生、乳康生等）按说明拌料或口服。同时进行对症施治，如强心补液、解痉镇静、调理胃肠功能、保持电解质平衡等。中草药也有一定疗效。

66. 什么叫羊黑疫？

羊黑疫又称"传染性坏死性肝炎"，是由 B 型诺维氏梭菌引起的绵羊、山羊的一种急性高度致死性毒血症。该病以肝实质发生坏死性病灶为特征。

诺维氏梭菌分类上属于杆菌属，为革兰氏阳性的大杆菌。本菌严格厌氧，可形成芽孢，不产生荚膜，具有周身鞭毛，能运动。

本菌分为 A、B、C 3 型。A 型菌能产生 α、γ、ε、δ 4 种外毒素；B 型菌产生 ε、β、η、ζ、θ 5 种外毒素；C 型菌不产生外毒素，此型菌与脊髓炎有关，但无病原学意义。

67. 羊黑疫的诊断要点有哪些？

（1）流行特点 该菌能使 1 岁以上的绵羊发病，以 2~4 岁、营养好的绵羊多发，发病羊多为营养佳良的肥胖羊只，山羊也可患病，牛偶可感染。实验动物以豚鼠最为敏感，家兔、小鼠易感性较低。诺维氏梭菌广泛存在于自然界特别是土壤之中，羊采食被芽孢体污染的饲草后，芽孢由胃肠道经目前尚未阐明的途径进入肝脏。当羊感染肝片吸虫时，肝片吸虫幼虫游走损害肝脏使其氧化–还原电位降低，存在于该处的诺维氏梭菌芽孢即获适宜的条件，迅速生长繁殖，产生毒素，进入血液循环，引起毒血症，导致急性休克而死亡。该病主要发生于低洼、潮湿地区，以春夏季节多发，发病常与肝片吸虫的感染侵袭密切相关。

（2）临床症状 该病在临床上与羊快疫、肠毒血症等极其类似。病程急促，绝大多数情况是未见症状而突然死亡。少数病例病程稍长，可拖延 1~2 天，但没有超过 3 天的。病羊常掉群，不食，呼吸困难，体温 41.5℃ 左右，呈昏睡俯卧，并保持在这种状态下毫无痛苦地突然死去。

（3）病理变化 病羊尸体皮下静脉显著充血，其皮肤呈暗黑色外观（黑疫之名即由此而来）。胸部皮下组织经常水肿。浆膜腔有液体渗出，暴露于空气易于凝固，液体常呈黄色，但腹腔液略带血色。左心室心内膜下常出血。真胃幽门部和小肠充血和出血。肝脏充血肿胀，从表面可看到或摸到有一个到多个凝固性坏死灶，坏死灶的界限清晰，灰黄色，不整圆形，周围常为一鲜红色的充血带围绕，坏死灶直径可达 2~3 厘米，切面成半圆形。羊黑疫肝脏的这种坏死变化是很有特征的，具有很大的诊断意义。

（4）类症鉴别　羊黑疫应与羊快疫、羊肠毒血症、羊炭疽等类似疾病进行区别诊断（参见相关各病）。

68. 怎样防治羊黑疫？

① 流行该病的地区应搞好控制肝片吸虫感染的工作。羊群放牧时改变原来的沼泽地水源。加强消毒，搞好环境卫生。

② 常发病地区定期接种"羊快疫、肠毒血症、猝狙、羔羊痢疾、黑疫五联苗"，每只羊皮下注射或肌内注射 5 毫升，注苗后 2 周产生免疫力，保护期达半年。

③ 该病发生、流行时，将羊群移牧于高燥地区。可用抗诺维氏梭菌血清进行早期预防，每只羊皮下注射或肌内注射 10~15 毫升，必要时重复 1 次。

④ 病程稍缓的羊只，肌内注射青霉素 80 万~160 万单位，每日 2 次，连用 3 日；或者发病早期静脉或肌内注射抗诺维氏梭菌血清 50~80 毫升，必要时重复用药 1 次。

69. 羊破伤风是怎么发生的？

破伤风是一种急性中毒性传染病，多发生于新生羔羊，绵羊比山羊多见。其特征为全身或部分肌肉发生痉挛性收缩，表现出强硬状态。该病为散发，没有季节性，必须经创伤才能感染，特别是创面损伤复杂、创道深的创伤更易感染发病。破伤风是由破伤风梭菌经伤口感染引起的急性、中毒性传染病。

破伤风病原为破伤风梭菌。破伤风梭菌又称强直梭菌，分类上属芽孢杆菌属，为细长的杆菌，多单个存在，能形成芽孢，位于菌体的一端，似鼓梯状，周鞭毛，能运动，无荚膜。幼龄培养物革兰氏染色阳性，培养 48 小时后常呈阴性反应。病菌侵入伤口以后，在局部大量繁殖，并产生毒素，危害神经系统。由于本菌为专性厌氧菌，故被土壤、粪便或腐败组织所封闭的伤口最容易感染和发病。

破伤风梭菌产生破伤风痉挛毒素、溶血毒素及非痉挛性毒素，其中，破伤风痉挛毒素引起该病特征性症状和刺激保护性抗体的产生。溶血毒素引起局部组织坏死,为该菌生长繁殖创造条件;静脉注射溶血毒素可引起实验动物溶血死亡。非痉挛毒素对神经末梢有麻痹作用。

破伤风梭菌繁殖体的抵抗力与一般非芽孢菌相似,但芽孢抵抗力甚强,耐热,在土壤中可存活几十年;10%碘酊、10%漂白粉及30%双氧水能很快将其杀死。本菌对青霉素敏感,磺胺药次之,链霉素无效。

70. 怎样诊断羊的破伤风?

根据病羊的创伤史和比较特殊而明显的临床症状,确诊不难。

(1)流行特点 该病的病原破伤风梭菌在自然界中广泛存在,羊经创伤感染破伤风梭菌后,如果创口内具备缺氧条件,病原在创口内生长繁殖产生毒素,作用于中枢神经系统而发病。常见于外伤、阉割和脐部感染。在临床上有不少病例往往找不出创伤,这种情况可能是在破伤风潜伏期中创伤已经愈合,也可能是经胃肠黏膜的损伤而感染。该病以散发形式出现。

(2)临床症状 病初症状不明显,以后表现为不能自由卧下或起立,四肢逐渐强直,运步困难,角弓反张,牙关紧闭,流涎,尾直,常发生轻度肠臌胀。突然的音响,可使骨骼肌发生痉挛,致使病羊倒地。发病后期,常因急性胃肠炎而引起腹泻。病死率很高。

71. 羊的破伤风病应该怎么防治?

(1)治疗 可将病羊置于光线较暗的安静处,给予易消化的饲料和充足的饮水。彻底消除伤口内的坏死组织,用3%过氧化氢、1%高锰酸钾或5%~10%碘酊进行消毒处理。病初应用破伤风抗毒素5万~10万单位肌内或静脉注射,以中和毒素;为了缓解肌肉痉挛,可用氯丙嗪(每千克体重0.002克)或25%硫酸镁注射液10~20毫升肌内注射,并配合应用5%碳酸氢钠100毫升静脉注射。对长期不能采食的病羊,还应每天补糖、补液,当病羊牙关紧闭时,可用3%普鲁卡因5毫升和0.1%肾上腺素0.2~0.5毫升,混合注入咬肌。

(2)预防

① 预防注射。破伤风类毒素是预防该病的有效生物制剂。羔羊的预防,

以母羊妊娠后期注射破伤风类毒素较为适宜。

② 创伤处理。羊身上任何部分发生创伤时，均应用碘酒或2%的红汞严格消毒，并应避免泥土及粪便侵入伤口。对一切手术伤口，包括剪毛伤、断尾伤及去角伤等，均应特别注意消毒。对感染创伤进行有效的防腐消毒处理。彻底排出脓汁、异物、坏死组织及痂皮等，并用消毒药物（3%过氧化氢、2%高锰酸钾或5%~10%碘酊）消毒创面，并结合青链霉素，在创伤周围注射，以清除破伤风毒素来源。

③ 注射抗破伤风血清。早期应用抗破伤风血清（破伤风抗毒素），可一次用足量（20万~80万单位），也可将总用量分2~3次注射，皮下、肌内或静脉注射均可；也可一半静脉注射，另一半肌内注射。抗破伤风血清在体内可保留2周。应注意在发生外伤时立即用碘酊消毒；阉割羊或处理羔羊脐带时，也要严格消毒。

72. 羊放线菌病是怎么发生的？

放线菌病是牛羊和其他家畜及人的一种非接触传染的慢性病。其特征为局部组织增生与化脓，形成放线菌肿。皮下及皮下淋巴结呈现有脓性的结组织肿胀。该病为散发性，很少呈流行性。

该病的病原主要是牛放线菌和林氏放线杆菌，此外还有化脓放线菌（化脓棒状杆菌）和金黄色葡萄球菌。牛放线菌为不规则、无芽孢、革兰氏阴性杆菌，分类上属放线菌属，是一种不运动、不形成芽孢的杆菌，有长成菌丝的倾向。在动物组织中呈现带有辐射状菌丝的颗粒性聚集物——菌体，外观似硫黄样颗粒，其大小如针帽，呈灰色、灰黄色或微棕色，质地柔软或坚硬。涂片经革兰氏染色后，其中心菌体为紫色，周围辐射状菌丝为红色。本菌抵抗力微弱，一般消毒剂均可杀死，对青霉素、链霉素、四环素等抗生素敏感。

林氏放线杆菌为革兰氏阴性、兼性厌氧的杆菌，分类上属巴氏杆菌科，放线杆菌属，是一种不运动、形成芽孢和荚膜的多形态的革兰氏阴性杆菌，在动物组织中也形成菌体，无显著的辐射状菌丝。革兰氏染色，中心与周围均呈红色。该菌对外界环境条件抵抗力不强，对链霉素、四环素等抗生素敏感。

73. 怎样诊治羊放线菌病？

（1）流行病学诊断 放线菌病的病原不仅存在于污染的土壤、饲料和饮水中，还寄生于动物口腔、咽部黏膜、扁桃体和皮肤等部位，因此，黏膜或皮肤上只要有破损，便可以感染。该病一般为散发。

（2）临床症状 常见下颌骨肿大，肿胀发展缓慢，最初的症状是下唇和面部的其他部位增厚，经过几个月才在增厚的皮下组织中形成直径达5厘米左右、单个或多数的坚硬结节，有时皮肤化脓破溃，形成漏管。病羊不能采食，消瘦，衰弱。舌和咽部感染时，组织肿胀变硬，流涎，咀嚼困难。乳房患病时，是弥漫性肿大或有病灶性硬结。

（3）治疗 羊放线菌病引起的硬结可用外科手术切除，若有漏管形成，要连同漏管彻底切除。切除后的新创腔，用碘酊纱布填塞，1~2天更换1次；伤口周围注射10%碘化钠或2%鲁戈氏液。内服碘化钾，每天1~3克，可连用2~4周；在用药过程中如出现肝中毒现象（脱毛、消瘦和食欲缺乏等），应暂停用药5~6天或减少剂量。抗生素治疗该病也有效，可同时用青霉素和链霉素注射于患部周围，青霉素每千克体重1万~1.5万单位，链霉素每千克体重10毫克，每日2次，连用5日为1个疗程。

因为粗硬的饲料可以损伤口腔黏膜，促进放线杆菌的侵入，所以为了预防羊放线菌病，必须将秸秆、谷糠或其他粗饲料浸软以后再喂。注意饲料及饮水卫生，避免到低湿地区放牧。

74. 什么是羊李氏杆菌病？

李氏杆菌病是单核细胞李氏杆菌引起的一种急性或慢性传染病。该病可分为子宫炎型、败血型和脑炎型。在家畜中，绵羊的李氏杆菌病最为常见，并几乎全为脑炎型，各种年龄和性别的绵羊都可患病；败血型间或发生于10日龄以下的羔羊；子宫炎型多发生于怀孕最后2个月的头胎绵羊。山羊的病型与绵羊的相同。也是畜禽、啮齿动物和人共患的传染病，临床特征是病羊神经系统紊乱，表现转圈运动，面部麻痹，孕羊可发生流产。

该病的病原为单核细胞增多症李氏杆菌。单核细胞增多症李氏杆菌分类上属李氏杆菌属，是一种规整革兰氏阳性小杆菌。在涂片中单个存在，或2个排成"V"形，或互相并列，无荚膜，无芽孢，有鞭毛，能运动。可生长温度范围广，4℃中也能缓慢生长，pH值在5.0～9.6均能生长。对食盐耐受性强，对热的耐受性比大多数无芽孢杆菌强，65℃经30～40分钟才能被杀死，一般消毒剂均可灭活。该菌对青霉素有抵抗力，对链霉素和磺胺类药物敏感。家兔、豚鼠、小鼠对该病都易感，注射、滴眼均易引起发病。

75. 怎样诊断羊李氏杆菌病？

（1）流行特点　该病的易感动物范围很广，几乎各种家畜、家禽和野生动物均可通过消化道、呼吸道及损伤的皮肤而感染。通常呈散发性，发病率低，病死率很高。

（2）临床症状　子宫炎型常伴有流产和胎盘滞留，但子宫内的微生物和炎症很快消失。脑炎型常发生于较大的动物，主要症状为头颈一侧性麻痹，故弯向对侧；转圈运动，不能强使改变；有的角弓反张，卧地，昏迷等。

（3）病理变化　子宫炎型病羊，胎儿死亡和流产是因为微生物侵入胎盘，进而侵入胎儿引起败血症所致。胎盘病变显著，绒毛上皮坏死，顶端附有内含细菌的脓性渗出物。在子宫内早期死亡的胎儿，自溶常掩盖了轻微的败血性病变，如胃肠黏膜充血，气管黏膜、心外膜和淋巴结出血，卡他性肺炎以及肝和脾等的变性和坏死灶。在子宫内后期死亡和流产的胎儿，由于病变已充分发展，不易为自溶所掩盖，故常在肝脏、有时在脾脏和肺脏可见到粟粒性坏死灶。脑炎型病羊，剖检时一般没有特殊的肉眼可见病变。有神经症状的病羊，脑及脑膜充血、水肿，脑脊液增多，稍浑浊。

（4）类症鉴别　该病应与具有神经症状的疾病相区别，如羊的脑包虫病等。患脑包虫病的病羊仅有转圈或斜着走等症状，病的发展缓慢，不传染给其他羊。另外，应与有流产症状的其他疾病进行鉴别（主要靠实验室检查）。

76. 怎样防治羊李氏杆菌病？

早期大剂量应用磺胺类药物，或与抗生素并用，有良好的治疗效果。用20%磺胺嘧啶5～10毫升，青霉素按每千克体重10万～15万单位，庆大霉素每千克体重 1 000~1 500 单位，均肌内注射，每日 2 次。病羊有神经症状时，可对症治疗。预防该病平时应注意清洁卫生和饲养管理，消灭老鼠，防止疫病传播；发病地区应将病畜隔离治疗，病羊尸体要深埋，并用 5% 来苏尔对污染场地进行消毒。

严格防疫制度。不从有病地区引入羊、牛或其他家畜。驱除鼠类和其他啮齿动物。由于该病可感染人，故畜牧兽医人员应注意保护。

 ## 77. 羊坏死杆菌病是怎样发生的？

坏死杆菌病是由坏死杆菌引起的畜禽共患慢性传染病，以蹄部、皮下组织或消化道黏膜的坏死为特征。有时转移到内脏器官如肝、肺形成坏死灶，有时引起口腔、乳房坏死。

该病的病原为坏死梭杆菌。坏死梭杆菌为革兰氏阴性、严格厌氧的细菌，分类上属梭杆菌科、梭形杆菌属。具有明显的多形性，小者呈球杆状，大者为长丝状，且多见于病灶及幼龄培养物中，染色时因着色不匀，犹如串珠状。该菌无鞭毛，无芽孢，也不产生荚膜。该菌至少可产生两种毒素，其外毒素皮下注射（兔）可引起组织水肿，静脉注射则数小时内死亡；内毒素皮下或皮内注射可致组织坏死。

坏死梭杆菌对理化因素抵抗力不强. 对热及常用消毒剂敏感，但在污染的土壤中能长时间存活。在空气中干燥，经 72 小时死亡，日光直射 8~10 小时可被杀死，1% 福尔马林、1% 高锰酸钾、4% 醋酸（或食醋）等均可杀死该菌。除坏死梭杆菌外，结状拟杆菌、化脓放线菌、葡萄球菌等常起协同致病作用。

 ## 78. 怎样诊断羊坏死杆菌病？

根据流行情况和临床症状，基本上可以确诊。

（1）流行病学诊断 坏死梭杆菌在自然界分布很广。动物的粪便、死水坑、沼泽和土壤中均有存在，通过损伤的皮肤和黏膜而感染，多见于低洼潮湿地区和多雨季节，是散发性或地方性流行。

（2）临床症状 绵羊患坏死杆菌病多于山羊，常侵害蹄部，引起腐蹄病。初呈跛行，多为一肢患病，蹄间隙、蹄和蹄冠开始红肿、热病，而后溃烂，挤压肿烂部有发臭的脓样液体流出。随病变发展，可波及腱、韧带和关节，有时蹄匣脱落。绵羊羔可发生唇疮，在鼻、唇、眼部甚至口腔发生结节和水泡，随后成棕色痂块。病菌侵入部位发生局部坏死及脓肿形成，或是许多小脓肿，或是单一的大脓肿和大疱。还可发生紫癜或红斑等非特异性皮疹。当病菌经血流散播，则可引起败血症、脓毒血症和转移性脓肿，此种全身性感染如不及时治疗，死亡率可在60%以上。

79. 羊坏死杆菌病应如何防治？

保持畜舍干燥，避免皮肤黏膜损伤，发现外伤及时处理。放牧应选择高燥地区，避免到潮湿或污染的地区放牧。及时清洗伤口，用药后包扎。

防治时主要采取以下措施。

① 平时要保持羊舍及放牧场地的干燥，避免造成蹄部、皮肤和黏膜的外伤，一旦出现外伤应及时消毒。

② 清除蹄部的坏死组织，用1%高锰酸钾或3%来苏尔冲洗，也可用10%硫酸铜溶液进行温脚浴，然后用碘酊或龙胆紫涂擦。

③ 对坏死性口炎，用1%高锰酸钾冲洗，涂碘甘油或龙胆紫。

④ 对内脏转移坏死灶，可用抗生素结合强心、利尿、补液等药物进行治疗。

80. 怎样诊断山羊干酪性淋巴结炎？如何防治？

干酪性淋巴结炎（又称绵羊和山羊伪结核）是由伪结核棒状杆菌感染所引起的一种绵羊和山羊的接触性、慢性传染病，其特征为局部淋巴结发生干酪样坏死，有时在肺、肝、脾和子宫角等处发生大小不等的结节，内含淡黄、绿色干酪样物质。

伪结核棒状杆菌为不规则、无芽孢革兰氏阳性杆菌，分类上属棒状杆菌属。具有多形性，呈球状、杆状、偶见丝状；在脓汁中多形性更明显，在新鲜脓汁中杆状占优势，而在陈旧脓汁中则以球状占优势。在培养物中则是较一致的球杆状，排列多成丛状，无鞭毛和荚膜，美蓝染色着色不匀，非抗酸性。该菌对干燥有抵抗力，在自然环境中能存活很长时间，对热及多种消毒剂敏感。

伪结核棒状杆菌存在于土壤、肥料、肠道内和皮肤上，经创伤感染。

伪结核病在羔羊中少见，随羊龄增长，发病增多。感染初期，局部发生炎症，后波及邻近淋巴结，淋巴结慢慢增大和化脓，脓初稀，渐变为牙膏样或干酪样。病羊一般没有明显症状，屠宰时才被发现。如体内淋巴结和内脏受波及时，则病羊逐渐消瘦、衰弱，呼吸加快，时有咳嗽，最后陷于恶病质而死亡。该病在头部和颈部淋巴结发生较多，肩前、股前和乳房等淋巴结次之。

剖检可见，尸体消瘦、被毛粗乱、干燥，体表淋巴结肿大，内含干酪样坏死物；在肺、肝、脾、肾和子宫角等处有大小不一、数量不等的脓肿。

伪结核棒状杆菌对青霉素高度敏感，但因脓肿有厚包囊，疗效不好。据报道，早期用 0.5% 黄连素 10 毫升静脉注射有效，如与青霉素并用，可提高疗效。对脓肿按一般外科常规处理，连同包膜一并摘除。平时预防须做好皮肤和环境的清洁卫生工作，皮肤破伤应注意及时处理，发现病畜应及时隔离治疗。

81. 如何诊断羊土拉杆菌病？如何防治？

羊土拉弗氏菌病，是一种细菌性人畜共患疾病，该病发生于所有品种、性别和年龄的绵羊，但以哺乳羔羊和周岁母羊更为易感。山羊亦易感，人也可以受到感染，是羔羊的一种急性败血性疾病。病羊有发热、肌肉僵硬等症状，危害人们的生产生活。

病原为土拉弗朗西斯氏菌。土拉弗朗西斯氏菌是弗朗西斯菌属的代表种，是一种多形态的细菌。它是一种多形的、不运动、不形成芽孢、有荚膜的需氧菌，革兰氏染色阴性，长 1~3 微米，宽 0.2~1 微米，该菌对热和常用消毒剂均敏感，但在水、土、肉和毛皮中可存活数十天，在干粪里可生活 25~30 天，在尸体里可存活 100 天以上，在 -14℃ 于甘油里保存的感染组织中可存活数年之久。但 58℃ 10 分钟及 1% 三甲酚 2 分钟即可将其杀死。细菌对链霉素、四环素等抗生素均敏感。在患病动物的血液内近似球形，在培养物中则有球状至丝状等形态。该菌难于培养，常用葡萄糖-脱氨酸琼脂、血液肌氨酸琼脂培养，初次分离常需 2~5 天才能形成透明灰白色、带黏性的小菌落。实验动物中，小鼠、豚鼠、家兔等都易感，任何途径接种都可感染，多于 8~15 天发生败血症死亡。

土拉弗朗西斯氏菌的易感动物种类很多，人也可感染。野兔和野生啮齿动物是主要传染源，通过蜂、蚊和虻等吸血昆虫传播；污染的饲料和饮水等也是传播媒介。

羊患该病后体温高达 40.5~41.0℃，精神委顿，步态僵硬、不稳，后肢软弱或瘫痪。体表淋巴结肿大，2~3 天后体温恢复正常，但之后又常回升。一般 8~15 天痊愈。妊娠母羊发生流产、死胎或难产，羔羊发病较重，除上述症状外，见有腹泻，有的兴奋不安，有的呈昏睡状态，不久死亡，病死率很高。山羊较少患病，症状与绵羊相似。

患该病死亡的羊，尸体可见表面寄生着许多蜱，组织贫血明显，在皮下和浆膜下分布着许多出血点，在蜱侵袭部位及其附近尤为显著。淋巴结肿大，有坏死和化脓灶。肝、脾可能肿大。在一些羔羊中，肺脏的尖叶与心叶可能有肺炎病变。

该病治疗以链霉素最为有效，其次是土霉素、金霉素，每日 2 次，肌内注射，连用 5~7 日。用量：链霉素按每千克体重 10 毫克，土霉素和金霉素按每千克体重 5~10 毫克。当大量已感染的蜱活动时，使羊群离开有蜱的放牧场或过路的草场，以避免土拉菌病的感染。为了防止蜱对羊群的侵袭，可用灭蜱药物进行全群药浴；病死羊及鼠类尸体要深埋，以免污染环境。由于人类对土拉杆菌病有易感性，放牧人和看护者应避免剖开死羊。病死羊的尸体以及各种啮齿动物的尸体要深埋，以免污染环境。

82. 羔羊大肠杆菌病是如何发生的？

羔羊大肠杆菌病是由致病性大肠杆菌所引起的一种幼羔急性、致死性传染病。临床上表现为腹泻和败血症。

大肠杆菌是革兰氏阴性、中等大小的杆菌。分类上属肠杆菌科，埃希氏菌属。无芽孢，具有周鞭毛，对碳水化合物发酵能力强。该菌对外界不利因素的抵抗力不强，60℃ 15 分钟即死亡，一般常用消毒剂均易将其杀死。

致病性大肠杆菌与动物肠道内正常寄居的非致病性大肠杆菌在形态、染色、培养特性和生化反应等方面没有差别，但抗原结构不同。致病性菌株一般能产生 1 种内毒素和 1~2 种肠毒素。内毒素能耐高热，100℃ 30 分钟才被破坏。肠毒素有 2 种，一种不耐热（LT），有抗原性，分子量大，60℃经 10 分钟被破坏；另一种耐热（ST），无抗原性，分子量小，须 60℃以上和较长时间才能被破坏。

大肠杆菌有菌体抗原（O）、表面抗原（K）和鞭毛抗原（H）3 种主要抗原。另外，许多与腹泻有关的致病菌株带有菌毛抗原（也叫黏着素抗原或定居因子抗原）。根据抗原成分，将致病性大肠杆菌分为许多血清型，引起一种动物发病的大肠杆菌，常为一定的血清型，一个畜群如不由外地引进同种家畜，其病原性菌株常为一定的1~2种血清型。

 ## 83. 怎样诊断羔羊大肠杆菌病？

依据临床症状、病理变化和流行情况，可作出初步诊断，确诊须进行实验室诊断。

（1）流行特点 多发生于初生数日至6周龄的羔羊，有些地方3~8月龄的羊也有发生，呈地方性流行，也有散发的。该病的发生与气候不良、营养不足、场地潮湿污秽等有关。放牧季节很少发生，冬春舍饲期间常发，经消化道感染。

（2）临床症状 潜伏期1~2天。分为败血型和下痢型2型。

① 败血型。多发生于2~6周龄羔羊。病羊体温41~42℃，精神沉郁，迅速虚脱，有轻微的腹泻或下腹疼，有的带有神经症状，运动失调、磨牙、视力障碍，也有的病例出现关节炎，多在病后4~12小时死亡。

② 下痢型。多发生于2~8日龄新生羔。病初体温略高，出现腹泻后体温下降，粪便呈半液状，带有气泡，有时混有血液。羔羊表现腹痛，虚弱，严重脱水，不能起立。如不及时治疗，可于24~36小时死亡，病死率15%~17%。

（3）病理变化 败血型剖检可见，胸、腹腔和心包见大量积液，内有纤维素样物；关节肿大，内含混浊液体或脓性絮片；脑膜充血，有许多小出血点。下痢型者剖检可见，急性胃肠炎变化，胃内乳凝块发酵，肠黏膜充血、水肿和出血，肠内混有血液和气泡，肠系膜淋巴结肿胀，切面多汁或充血。

（4）实验室诊断 采取内脏组织、血液或肠内容物用麦康或其他鉴别培养基划线分离，挑取可疑菌落转种三糖铁培养基培养后，反应符合大肠杆菌者，纯培养后进行生化鉴定和血清学鉴定，以确定血清型。有条件时可进行粘着素抗原检查和肠毒素检查。

（5）类症鉴别 B型魏氏梭菌也可引起初生羔下痢，应注意区别。在病羔濒死或刚死时，采取内脏和肠内容物作细菌分离培养，如分离出纯的B型魏氏梭菌时，具有鉴别诊断意义。

84. 怎样防治羊大肠杆菌病？

大肠杆菌对土霉素、磺胺类和呋喃类药物都有敏感性，但必须配合护理和其他对症疗法。土霉素按每日每千克体重 20~50 毫克，分 2~3 次口服；或按每日每千克体重 10~20 毫克，分 2 次肌内注射。20%磺胺嘧啶 5~10 毫升，肌内注射，每日 2 次；或口服复方新诺明，每次每千克体重 20~25 毫克，1 日 2 次，连用 3 天。呋喃唑酮，按每日每千克体重 5~10 毫克，分 2~3 次内服。也可使用微生态制剂，如促菌生等，按说明拌料或口服，使用此制剂时，不可与抗菌药物同用。新生羔再加胃蛋白酶 0.2~0.3 克。对心脏衰弱的患羊，皮下注射 25%安钠咖 0.5~1.0 毫升；对脱水严重的患羊，静脉注射 5%葡萄糖盐水 20~100 毫升；对有兴奋症状的病羔，用水合氯醛 0.1~0.2 克加水灌肠。

预防首先要加强怀孕母羊的饲养管理，做好抓膘保膘工作。保证饲料中蛋白质、维生素和矿物质的含量。定期运动，以利于胎儿的发育，提高初乳的生物学价值。做好临产母羊的准备工作，严格遵守临产母羊及新生羔羊的卫生防疫制度。对产房进行消毒，可用 3%~5%的来苏尔喷洒消毒。其次是加强新生羔羊的饲养管理。搞好新生羔羊的环境卫生，哺乳前用 0.1%的高锰酸钾水擦拭母羊的乳房、乳头和腹下，让羔羊吃到足够的初乳，做好羔羊的保暖工作。对于缺奶羔羊，一次不要喂饲过量。对有病的羔羊及时进行隔离。对病羔接触过的房舍、地面、墙壁和排水沟等，要进行严格的消毒，可用 3%~5%来苏尔，也可根据病原的血清型，选用同型菌苗给孕羊和羔羊进行预防注射。

 85. 什么是羊钩端螺旋体病？

钩端螺旋体病是由钩端螺旋体引起的人畜共患的一种自然疫源性传染病。临床特征为黄疸、血色素尿、黏膜和皮肤坏死、短期发热和迅速衰竭。羊感染后多呈隐性经过。全年均可发病，以夏、秋放牧期间更为多见。

该病的病原为似问号形钩端螺旋体。似问号形钩端螺旋体在分类上属螺旋体目，钩端螺旋体科，钩端螺旋体属。菌体呈细长丝状，具有细致、规则的螺旋，中央有一根轴丝，暗视野检查时，常显细小的珠链状，一端或两端弯曲似是而非钩状，没有鞭毛，可绕长轴旋转和摆动，进行很活泼的运动，因而菌体常显 C、S、O 等多种形状。常用柯索夫培养基和希夫纳培养基培养。钩端螺旋体对外界抵抗力较强，在水田、池塘、沼泽中可以存活数月或更长时间，对该病的传播有重要作用。该菌对酸、碱敏感，加热至 50℃，10 分钟即可致死，干燥和直射阳光均能使其迅速死亡，一般消毒剂的常用浓度均易杀死此菌。

86. 羊钩端螺旋体病的诊断要点有哪些？

（1）流行病学诊断 该病的易感动物范围广，包括各种家畜和野生动物，其中，鼠类最易感。病畜和带菌动物是传染源，特别是带菌鼠在钩端螺旋体病的传播上起着重要的作用。病原从尿排出后，污染周围的水源和土壤，经皮肤、黏膜和消化道而感染。该病多发于夏、秋季节，气候温暖、潮湿和多雨地区尤为多发。

（2）临床症状 绵羊和山羊钩端螺旋体病的潜伏期为 4~15 天。依照病程不同，可将该病分为最急性、急性、亚急性、慢性和非典型性 5 种。通常均为急性或亚急性，很少呈慢性者。

① 最急性病例。体温高达 40~41.5℃，脉搏增加达 90~100 次/分钟。呼吸加快，黏膜发黄色。尿呈红色，有下痢。经 12~14h 死亡。

② 急性病例。体温高达 40.5~41℃，由于胃肠道迟缓而发生便秘，尿呈暗红色。眼发生结膜炎，流泪。鼻腔流出黏液脓性或脓性分泌物，鼻孔周围的皮肤破裂。病期持续 5~10 天，死亡率达 50%~70%。

③ 亚急性病例。症状与急性者大体相同，唯发展比较缓慢。体温升高后，可迅速降到常温，也可能下降后又重复升高。黄疸及血色素尿很显著。耳部、躯干及乳头部的皮肤发生坏死。胃肠道显著迟缓，因而发生严重的便秘。虽然可能痊愈，但极为缓慢。死亡率为 24%~25%。

④ 慢性患病例。临床症状不显著，只是呈现发热及血尿。病羊食欲减少，精神委顿，由于肠胃道运动迟缓而发生便秘。时间经久，表现十分消瘦。某些病羊可能获得痊愈，病期长达 3~5 个。

⑤ 非典型性病例。急性型所特有的症状不明显，甚至缺乏，疫群内往往有些羊仅表现短暂的体温升高。

（3）病理变化 尸体消瘦，可见黏膜湿润，呈深浅不同的黄色。皮下组织水肿而黄染。骨骼软弱而多汁，呈柠檬黄色。胸、腹腔内有黄色液体。肝脏增大，呈黄褐色，质脆弱或柔软。肾脏的病变具有诊断意义；肾剧烈增大，被膜很容易剥离，切面通常湿润，髓质与皮质的界限消失，组织柔软而脆。病期长久时，则肾脏变为坚硬。肺脏黄染，有时水肿，心脏淡红，大多数情况下带有淡黄色。膀胱黏膜出血。脑室中聚积有大量液体。血液稀薄如水，红细胞溶解，在空气中长时间不能凝固。

87. 羊钩端螺旋体病的防治措施有哪些？

（1）治疗　一般认为链霉素和四环素族抗生素对该病有一定疗效。链霉素按每千克体重 15～25 毫克，肌内注射，1 天 2 次，连用 3～5 天；土霉素按每千克体重 10～20 毫克，肌内注射，每天 1 次，连用 3～5 天。如使用青霉素，必须大剂量才有疗效。

（2）预防　经常注意环境卫生，作好灭鼠、排水工作。不许将病畜或可疑病羊（钩端螺旋体携带者）运入安全牧场、队。对新进入场的羊只，应隔离检疫 30 天，必要时进行血清学检查。

饮水为该病传播的主要方式，因此，在隔离病羊以后，应将其他假定健康的羊转移到具有新饮水处的安全放牧地区。

彻底清除病羊舍的粪便及污物，用 10%～20% 生石灰水或 2% 苛性钠严格消毒。对于饲槽、水桶及其他日常用具，应用开水或热草木灰水处理，将粪便堆积起来，进行生物热消毒。

当羊群或牧场发生该病时，应当宣布为疫群或疫场，采取一定的限制措施。在最后一只病羊痊愈后 30 天，并进行预防消毒的情况下，才可解除限制措施。

在常发病地区，应该有计划地进行死菌苗或鸡胚化菌苗或多价浓缩菌苗注射。免疫期可达 1 年。

88. 怎样诊断绵羊巴氏杆菌病？

巴氏杆菌病主要是由多杀性巴氏杆菌所引起的各种家畜、家禽和野生动物的一种传染病，在绵羊主要表现为败血症和肺炎。该病分布广泛，主要发生于断奶羔羊，也发生于 1 岁左右的绵羊，山羊较少见。该病在冬末春初呈散发或地方性流行，应激因素对其发生影响很大。

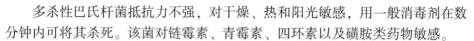

多杀性巴氏杆菌抵抗力不强，对干燥、热和阳光敏感，用一般消毒剂在数分钟内可将其杀死。该菌对链霉素、青霉素、四环素以及磺胺类药物敏感。

（1）流行病学诊断　多种动物对多杀性巴氏杆菌都有易感性。在绵羊多发于幼龄羊和羔羊，山羊不易感染。病羊和健康带菌羊是传染源。病原随分泌物和排泄物排出体外，经呼吸道、消化道及损伤的皮肤而感染。带菌羊在受寒、长途运输、饲养管理不当、抵抗力下降时，可发生自体内源性感染。

（2）临床症状　按病程长短可分为最急性、急性和慢性 3 种。

① 最急性。多见于哺乳羔羊，突然发病，出现寒战、虚弱、呼吸困难等症状，于数分钟至数小时内死亡。

② 急性。精神沉郁，体温升高到 41～42℃，咳嗽，鼻孔常有出血，有的混于黏性分泌物中。初期便秘，后期腹泻，有时粪便全部变为血水。病羊常在严重腹泻后虚脱而死，病期 2～5 天。

③ 慢性。病程可达 3 周。病羊消瘦，不思饮食，流黏脓性体液，咳嗽，呼吸困难。有时颈部和胸下部发生水肿。有角膜炎，腹泻；临死前极度衰弱，体温下降。

（3）病理变化　剖检一般在皮下有液体浸润和小点状出血，胸腔内有黄色渗出物，肺有淤血、小点状出血和肝样变，偶见有黄豆至胡桃大的化脓灶，胃肠道出血性炎症，其他脏器呈水肿和淤血，且有小点状出血，但脾脏不肿大。病期较长者机体消瘦，皮下胶样浸润，常见纤维性胸膜肺炎，肝有坏死灶。

89. 怎样防治绵羊巴氏杆菌病？

发现病羊和疑似羊立即隔离治疗。庆大霉素、四环素以及磺胺类药物都有良好的治疗效果。庆大霉素按每千克体重 1 000～1 500 单位，四环素每千克体重 5～10 毫克，20%磺胺嘧啶 5～10 毫升，均肌内注射，每日 2 次。或使用复方新诺明或复方磺胺嘧啶，口服，每次每千克体重 25～30 毫克，1 日 2 次。直到体温下降，食欲恢复为止。预防该病平时应注意饲养管理，避免羊只受寒。发生该病后，羊舍用 5%漂白粉或 10%石灰乳彻底消毒；必要时用高免血清或疫苗给羊作紧急免疫接种。

90. 什么是羊肉毒梭菌中毒症？怎样诊断和防控？

肉毒梭菌中毒症是由于食入肉毒梭菌毒素而引起的急性致死性疾病。其特征为运动神经麻痹和延脑麻痹。

肉毒梭菌在分类上属梭菌属，是梭菌属中最大的杆菌之一，能形成卵圆形的芽孢，比菌体宽，位于菌体的次端。革兰氏阳性，但在陈旧培养物中，有的菌株趋向于阴性。肉毒梭菌的芽孢广泛分布于自然界，在动物尸体、肉类、饲料、罐头食品中发育繁殖并产生毒素。这种毒素毒力极强，并且在消化道内不被破坏。液体中的毒素100℃、15~20分钟被破坏，在固体食物中需2小时。肉毒毒素为一种蛋白质，通常以毒素分子和一种红细胞凝集素载体所构成的复合物形式存在。

通过调查发病原因和发病经过并结合临床症状和病理变化，可作出初步诊断；确诊必须检查饲料和尸体内有无毒素存在。

（1）流行特点　肉毒梭菌的芽孢广泛分布于自然界，土壤为其自然居留地，在腐败尸体和腐烂饲料中含有大量的肉毒梭菌毒素，所以该病在各个地区都可发生。各种畜、禽都有易感性，主要由于食入霉烂饲料、腐败尸体和已有毒素污染的饲料、饮水而发病。

（2）临床症状　患病初期呈现兴奋症状，共济失调，步态僵硬，行走时头弯于一侧或作点头运动，尾向一侧摆动。流涎，有浆液性鼻涕。呈腹式呼吸，终因呼吸麻痹而死。

（3）病理变化　病尸剖检一般无特异变化，有时在胃内发现骨片、木石等物，说明生前有异嗜癖。咽喉和会厌有灰黄色被膜覆盖，其下面有出血点，胃肠黏膜可能有卡他性炎症和小点状出血，心内外膜也可能有小点状出血，脑膜可能充血，肺可能发生充血和水肿。

该病的特异性治疗可用肉毒毒素多价抗血清，但须早期使用，同时，使用泻剂和进行灌肠，以帮助排出肠内的毒素。遇有体温升高者，注射抗生素或磺胺类药物以防发生肺炎。预防该病，平时应注意环境卫生，在牧场畜舍中如发现动物尸体和残骸应及时清除，特别注意不用腐败饲料喂羊。平时在饲料中配入适量的食盐、钙和磷等，以防止动物发生异嗜癖，舔食尸体和残骸等。发现该病时，应查明毒素来源，予以清除。

91. 如何诊断羊沙门氏菌病？

羊沙门氏菌病包括绵羊流产和羔羊副伤寒 2 病。发病羔羊以急性败血症和泻痢为主。

绵羊流产的病原主要是羊流产沙门氏菌；羔羊副伤寒的病原以都柏林沙门氏菌和鼠伤寒沙门氏菌为主。沙门氏菌是肠杆菌科的一个属，是一种革兰氏阴性、较小的杆菌，一般无荚膜，具周鞭毛，能运动，多数有菌毛。沙门氏杆菌对外界的抵抗力较强，在水、土壤和粪便中能存活几个月，但不耐热。一般消毒药均能迅速将其杀死。该菌有 O 抗原（菌体抗原）、H 抗原（鞭毛抗原）、Vi 抗原（一种表面抗原，又称毒力抗原）3 种抗原，可用于菌型鉴定。实验动物中，小鼠对沙门氏菌最易感；可用注射或口服方法使之感染。

沙门氏菌病可发生于不同年龄的羊，无季节性，传染以消化道为主，交配和其他途径也能感染；各种不良因素均可促进该病的发生。

（1）羔羊副伤寒（下痢型） 多见于 15～30 日龄的羔羊。体温高达 40～41℃，食欲减退，腹泻，排黏性带血稀粪，有恶臭；精神委顿、虚弱、低头、拱背，继而倒地，经 1～5 天死亡。发病率约 30%，病死率为 25%。剖检可见，病羔机体消瘦，真胃与小肠黏膜充血，肠道内容物稀薄如水，肠系膜淋巴结水肿，脾脏充血，肾脏皮质部与心外膜有出血点。

（2）绵羊流产 多见于妊娠的最后 2 个月，病羊体温升至 40～41℃，厌食，精神沉郁，部分羊呈腹泻症状。病羊产下的活羔，表现机体衰弱、精神委顿、卧地，并伴有腹泻，往往于 1～7 天死亡。病母羊也可在流产后或无流产的情况下死亡。羊群暴发 1 次，一般持续 10～15 天。剖检流产、死产胎儿或生后 1 周内死亡的羔羊，表现败血症病变，组织水肿、充血，肝脾肿胀，有灰色病灶，胎盘水肿、出血。

92. 怎样防治羊沙门氏菌病？

病羊可隔离治疗或淘汰处理。对该病有治疗作用的药物很多，但必须配合护理及对症治疗。可用土霉素和新霉素，羔羊按每日每千克体重 30～50 毫克，分 3 次内服；成年羊按每次每千克体重 10～30 毫克，肌内或静脉注射，1 日 2

次。也可试用促菌生、调痢生、乳康生等微生态制剂，按说明拌料或口服，使用时不可与抗菌药物同用。预防的主要措施是加强饲养管理。发现病羊应及时隔离并立即治疗；被污染的圈栏要彻底消毒，发病羊群进行药物预防。注意环境卫生消毒，制造良好的饲养环境。冬天做好保温防风工作，秋季做好防潮工作。产羔房最好不连续使用，每次产羔完和临产前要彻底消毒，地面可铺撒石灰，并用2%~4%火碱彻底对地面、墙面喷雾，然后密闭用福尔马林或过氧乙酸熏蒸消毒。产羔期最好能每天喷雾消毒1次。消毒药物选择3~4种轮流替换使用。羔羊在出生后应及早吃初乳，并注意保暖。

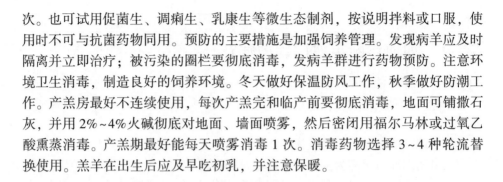 93. 什么是羊弯杆菌病？

羊弯杆菌病原名羊弧菌病，由弯杆菌属中的胎儿弯杆菌诸亚种引起，主要使羊暂时性不育和流产。弯杆菌病是由弯杆菌属细菌引起的人和动物不同疾病的总称。胎儿弯杆菌可引起牛、羊不育与流产；空肠弯杆菌可引起人、马、牛的急性肠炎。

引起动物和人类疾病的弯杆菌主要是胎儿弯杆菌和空肠弯杆菌。胎儿弯杆菌又分为2个亚种：胎儿弯杆菌胎儿亚种和胎儿弯杆菌性病亚种。2种弯杆菌分类上均属于弯杆菌属，为革兰氏阴性的细长弯曲杆菌。菌体呈"S"形、撇形或"O"形，但在老龄培养物中可呈球形或螺旋状长丝（由多个"S"形菌体形成的链）。本菌运动力活泼，为微需氧菌，在10%二氧化碳环境中生长良好，鲜血或血清培养基有利于分离培养。

94. 怎样诊断羊弯杆菌病？

（1）流行特点 胎儿弯杆菌对人和动物均有感染性，绵羊感染可引起流产，病菌主要存在于流产胎儿以及胎儿胃内容物中。空肠弯杆菌可引起人和动物的腹泻，也可引起绵羊的流产，病菌主要存在于流产绵羊的胎盘、胎儿胃内容物以及血液和粪便中。正常动物的肠道中也有空肠弯杆菌存在。患病羊和带菌动物是传染源，主要经消化道感染。绵羊流产常呈地方性流行，在一个地区或一个羊场流行1~2年或更长一些时间后，可停息1~2年，然后又重新发生流行。

（2）临床症状　怀孕母羊多于后期（怀孕的第 4、5 个月）发生流产，娩出死胎、死羔或弱羔。流产母羊一般只有轻度先兆，流出少量阴道分泌物，易被忽视。流产后阴道排出黏性或脓性分泌物。大多数流产母羊很快痊愈，少数母羊由于死胎滞留而发生子宫炎、腹膜炎或子宫脓毒症，最后死亡。病死率不高。

（3）病理变化　流产胎儿皮下水肿，肝脏有坏死灶。病死羊可见子宫炎、腹膜炎和子宫积脓。

（4）类症鉴别　该病应与羊布鲁氏菌病、羊衣原体病及羊沙门氏菌病等类似疾病进行区别，主要通过实验室诊断进行鉴别。

 95. 如何防治羊弯杆菌病？

① 严格执行兽医卫生防疫措施。产羔季节流产母羊应严格隔离并进行治疗。流产胎儿、胎衣以及污染物要彻底销毁；粪便、垫草等要及时清除并进行无害化处理；流产地点及时消毒除害。染疫羊群中的羊不得出售，以免扩大传染。

② 该病流行区可用当地分离的菌株制备弯杆菌多种灭活疫苗，对绵羊进行免疫接种，可有效预防流产。

③ 发病羊用四环素内服治疗，按每千克体重日服 20~50 毫克，分 2~3 次服完，连用 2~3 天，早期治疗能减少流产损失。

 96. 羊链球菌病是如何发生的？

羊链球菌病是严重危害山羊、绵羊的疫病，它是由溶血性链球菌引起的一种急性热性传染病，多发于冬春寒冷季节（每年 11 月至翌年 4 月）。该病主要通过消化道和吸呼道传播，其临床特征主要是下颌淋巴结与咽喉肿胀。链球菌最易侵害绵羊，山羊也很容易感染，多在羊只体况比较弱的冬春季节呈现地方性流行，老疫区一般为散发。临床上表现的特征为发热，下颌和咽喉部肿胀，胆囊肿大和纤维素性肺炎。

致病性链球菌属于链球菌属，革兰氏分类法属于 C 群链球菌。有的可形成荚膜，革兰氏染色阳性，需氧或兼性厌氧，无运动性，不形成芽孢。病菌通常存在于病羊的各个脏器以及各种分泌物、排泄物中，而以鼻涕、气管分泌物和肺脏含量为高。病原体对外环境抵抗力较强，死羊胸水内的细菌在室温下可存活100天以上。常用的消毒药有2%石炭酸、0.1%升汞、2%来苏尔以及0.5%漂白粉。

97. 怎样诊断羊链球菌病？

（1）流行病学诊断　该病主要发生于绵羊，绵羊易感性高，山羊次之；实验动物以家兔最为敏感，小鼠和鸽也具有易感性。病羊和带菌羊是该病的主要传染源，通常经呼吸道排出病原体。自然感染主要通过呼吸道途径，也可通过损伤的皮肤、黏膜以及羊虱蝇等吸血昆虫叮咬传播。病死羊的肉、骨、皮、毛等可散播病原，在该病传播中具有重要作用。新发病区常是流行性发生，老疫区则呈地方性流行或散发性流行。该病一般于冬春季节气候寒冷、草质不良时多发。

（2）临床症状　人工感染的潜伏期为3~10天。病羊体温升高至41℃，呼吸困难，精神不振，食欲低下，反刍停止。眼结膜充血，流泪，常见流出脓性分泌物；口流涎水，并混有泡沫；鼻孔流出浆液性、脓性分泌物。咽喉肿胀，颌下淋巴结肿大，部分病例舌体肿大。粪便松软，带有黏液或血液。有些病例可见眼睑、口唇、面颊以及乳房部位肿胀。怀孕羊可发生流产。病羊死前常有磨牙、呻吟和抽搐现象。病程一般2~5天。急性病例呼吸困难，24小时内死亡。一般情况下2~3天死亡。

（3）病理变化　病理变化主要以败血性变化为主。尸僵不显著或者不明显。淋巴结出血、肿大。鼻、咽喉、气管黏膜出血。肺脏水肿、气肿，肺实质出血、肝变，呈大叶性肺炎，有时可见有坏死灶；肺脏常与胸腔壁粘连。肝脏肿大，表面有少量出血点；胆囊肿大2~4倍，胆汁外渗。肾脏质地变脆、变软，肿胀、梗死，被膜不易剥离。各脏器浆膜面常覆盖有黏稠、丝状的纤维素样物质。

（4）类症鉴别　羊链球菌病应与炭疽、巴氏杆菌病以及羊快疫类疾病进行区别。

① 羊链球菌病与羊炭疽的鉴别。炭疽患病羊无咽喉炎、肺炎症状，唇、舌、面颊、眼睑及乳房等部位无肿胀，眼角不流浆性、脓性分泌物；各脏器特别是肺浆膜面无丝状黏稠的纤维素样物质。此外，羊链球菌病病原为链球菌，

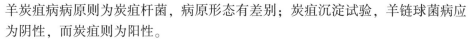

羊炭疽病病原则为炭疽杆菌，病原形态有差别；炭疽沉淀试验，羊链球菌病应为阴性，而炭疽则为阳性。

②羊链球菌病与羊快疫类疾病的鉴别。羊快疫类疾病患病羊无高热以及全身广泛出血变化。羊快疫类疾病由病原梭菌引起，羊链球菌病病原为链球菌，病料染色镜检病原大小、形态有区别。

③羊链球菌病与羊巴氏杆菌病的鉴别。羊链球菌病与巴氏杆菌病在临床症状和病理变化上很相似，常通过细菌学检查作出鉴别诊断。羊巴氏杆菌病由多杀性巴氏杆菌引起，巴氏杆菌为革兰氏阴性、具有两极染色特性的细小杆菌；快疫链球菌为革兰氏阳性的球菌。

98. 怎样防治羊链球菌病？

①改善放牧管理条件，保暖、防风、防冻、防拥挤、防病源传入。

②定期消灭羊体内外寄生虫。

③做好羊圈及场地、用具的消毒工作。入冬前，用链球菌氢氧化铝甲醛菌苗进行预防注射，羊不分大小，一律皮下注射3毫升，3月龄内羔羊14~21天后再免疫注射1次。

④发病后，对病羊和可疑羊要分别隔离治疗，场地、器具等用10%的石灰乳或3%的来苏尔严格消毒，羊粪及污物等堆积发酵，病死羊进行无害化处理。

⑤每只病羊用青霉素30万~60万国际单位肌内注射，每日1次，连用3天。肌内注射10毫升10%的磺胺噻唑，每日1次，连用3天。也可用磺胺嘧啶或氯苯磺胺4~8克灌服，每日2次，连用3天。

⑥高热病羊每只用30%安乃近3毫升肌内注射，病情严重、食欲废绝的给予强心补液，5%葡萄糖盐水500毫升，安钠咖5毫升，维生素C 5毫升，地塞米松10毫升静脉滴注，每天2次，连用3天。

⑦加强饲养管理，做好抓膘、保膘及保暖、防风、防冻、防拥挤。做好羊圈及场地、用具的消毒工作。入冬前应用链球菌氢氧化铝甲醛菌苗进行预防注射。羊只不分大小，一律皮下注射3毫升，3月龄内羔羊14~21天后再免疫注射1次。在流行地区给每只健康羊注射抗羊链球菌血清或青霉素等抗生素有一定的效果。

⑧未发病地区勿从疫区引入种羊、购进羊肉或皮毛产品，加强防疫检疫工作。

99. 什么是羊衣原体病？怎样诊断？

羊衣原体病是由鹦鹉热衣原体引起的绵羊、山羊的传染病。临床上以发热、流产、死产和产出弱羔为特征。在疾病流行期也见部分羊表现多发性关节炎、结膜炎等疾患。

鹦鹉热衣原体只能在活的细胞内繁殖，抵抗力不强，对热敏感，感染鸡胚卵黄囊中的衣原体在 $-20℃$ 可保存数年。0.1% 福尔马林、0.5% 石炭酸、70% 酒精、3% 氢氧化钠均能将其灭活。衣原体对青霉素、四环素、红霉素等抗生素敏感，而对链霉素有抵抗力。沙眼衣原体对磺胺类药物敏感，而鹦鹉热衣原体则有抵抗力。

（1）流行病学诊断 鹦鹉热衣原体可感染多种动物，多为隐性经过。家畜中以牛、羊较为易感，禽类感染后称为"鹦鹉热"或"鸟疫"。许多野生动物和禽类是本菌的自然宿主。患病动物和带菌动物为主要传染源，可通过粪便、尿液、乳汁、泪液、鼻分泌物以及流产的胎儿、胎衣、羊水排出病原体，污染水源、饲料及环境。该病主要经呼吸道、消化道及损伤的皮肤、黏膜感染；也可通过交配或用患病公畜的精液人工授精发生感染，子宫内感染也有可能；蜱、螨等吸血昆虫叮咬也可能传播该病。羊衣原体性流产多呈地方性流行。密集饲养、营养缺乏、长途运输或迁徙、寄生虫侵袭等应激因素可促进该病的发生、流行。

（2）临床症状 鹦鹉热衣原体感染绵羊、山羊可有不同的临诊表现，主要有下列几种病型。

① 流产型。潜伏期 50～90 天。流产通常发生于妊娠的中后期，一般观察不到征兆，临床表现主要为流产、死胎或娩出生命力不强的弱羔羊。流产后往往胎衣滞留，流产羊阴道排出分泌物可达数日。有些病羊可因继发感染细菌性子宫内膜炎而死亡。羊群首次发生流产，流产率可达 20%～30%，以后则流产率下降。流产过的母羊，一般不再发生流产。在该病流行的羊群中，可见公羊患有睾丸炎、附睾炎等疾病。

② 关节炎型。鹦鹉热衣原体侵害羔羊，可引起多发性关节炎。感染羔羊于病初体温高达 41～42℃。食欲减退，掉群，不适，肢关节（尤其腕关节、跗关节）肿胀、疼痛，一肢或四肢跛行。患病羔羊肌肉僵硬，或弓背而立，或长期卧地，体重减轻，生长发育受阻。有些羔羊同时发生结膜炎。发病率

高，病程短。

③ 结膜炎型。结膜炎主要发生于绵羊，特别是肥育羔和哺乳羔。病羔一眼或双眼均可发病，眼结膜充血、水肿，大量流泪，病后 2~7 天，两眼发生不同程度的混浊，出现血管翳、糜烂、溃疡或穿孔。数天后，在眼睑眼结膜上形成直径 1~10 毫米的淋巴滤泡（滤泡性结膜炎）。某些病羊可伴发关节炎，发生跛行。发病率高，一般不引起死亡，病程 6~10 天，角膜溃疡者，病期可达数周。部分病例可发生肺炎、肠炎等疾患。

（3）病理变化

① 流产型。流产母羊胎膜水肿、增厚，黏液呈黑红色或土黄色。流产胎儿水肿，皮肤、皮下组织、胸腺及淋巴结等处有点状出血，肝脏充血、肿胀，表面可能有针尖大小的灰白色病灶。组织病理学检查，胎儿肝、肺、肾、心肌和骨骼肌血管周围网状内皮细胞增生。

② 关节炎型。关节囊扩张，发生纤维素性滑膜炎。关节囊内积聚有炎性渗出物，滑膜附有疏松的纤维素性絮片。患病数周的关节滑膜层由于绒毛样增生而变粗糙。

③ 结膜炎型。结膜充血、水肿。角膜发生水肿、糜烂和溃疡。结膜、眼结膜上可见大小不等的淋巴样滤泡，组织病理学检查可发现滤泡内淋巴细胞增生。

100. 怎样防治羊衣原体病？

① 加强饲养卫生管理，消除各种诱发因素，防止寄生虫侵袭，增强羊群体质。

② 流行该病的地区，用流产羊做原体灭活苗对母羊和种公羊进行免疫接种，可有效控制羊衣原体病的流行。

③ 发生该病时，流产母羊及其所产弱羔应及时隔离。流产胎盘、产出的死羔应予无公害化处理。污染的羊舍、场地等环境用 2%氢氧化钠溶液、2%来苏尔溶液等进行彻底消毒。

④ 治疗时，可肌内注射青霉素，每次 80 万~160 万单位，1 日 2 次，连用 3 日。也可将四环素族抗生素拌于饲料中饲喂，连用 1~2 周。结膜炎患羊可用土霉素软膏点眼治疗。

101. 怎样防治羊传染性结膜角膜炎？

羊传染性结膜角膜炎俗称"红眼病"，是由嗜血杆菌、立克次氏体引起的反刍家畜的一种急性传染病，损害部位仅限于眼部，使眼结膜和角膜发生明显炎性变化，怕光流泪，结膜潮红充血，眼角流出黏液性或脓性分泌物，少数形成角膜云翳、白斑或造成失明。该病常发于温度较高、蚊蝇较多的夏秋高温季节和空气流通不畅、氨气浓度较高的环境。

（1）流行特点　该病主要危害绵羊、山羊，牛、骆驼、鹿等动物也具易感性。发病不分性别和年龄，以幼龄动物发病较多，特别是2岁以下的动物最易感。患病动物和带菌动物是主要传染源。摩拉菌在感染动物的眼、鼻分泌物，呼吸道黏膜中可存在数月。同种动物可通过直接接触，如头部摩擦等方式引起传染。不同种的动物之间一般不能传递病原。被病畜的泪液和鼻分泌物污染的饲料可传播该病。蝇类和某些飞蛾可机械传播病原。

该病多发生于炎热和湿度较高的季节，一旦发生，传播迅速且多呈地方性流行。遇暴晒、风沙、扬尘、蝇类频繁活动时可促进该病的发生和流行。

（2）临床症状　该病潜伏期3～7天。患羊一般无全身症状，少见发热。病初羊患眼羞明、流泪、眼睑肿胀、疼痛，稍后角膜凸起，血管充血，结膜和瞬膜红肿，或在角膜上生成白色或灰色小点。严重者角膜增厚，形成角膜瘢痕及角膜翳，甚至发生溃疡。有时发生眼前房积脓或角膜破裂、晶体脱落。多数病例病初为一侧眼发病，后双眼发病。该病病程一般为20～30天。当眼球化脓时，患羊体温可能升高，其食欲减退，精神沉郁，产乳量下降。多数病例可痊愈，但往往发生角膜云翳、角膜白斑甚至失明。放牧时病羊由于双目失明而觅食困难，其行动不便，并有滚坡摔伤、摔死情况出现。合并有衣原体感染的，有时可见关节炎、跛行等症状，患羊瞬膜和结膜上形成直径1～10毫米的淋巴样滤泡。

（3）病理变化　可见结膜水肿、充血、出血。角膜增厚，或凹陷或隆起，呈白斑状或白色浑浊。有时可见角膜瘢痕、角膜翳或溃疡。有的眼球组织受到侵害，眼前房积脓或角膜破裂、晶体脱落，形成永久性失明。结膜固有层纤维组织明显充血、水肿和有炎性细胞浸润，纤维组织疏松，呈海绵状，上皮变性、坏死或不同程度脱落。角膜有明显炎症和组织变性。结膜组织含多量淋巴细胞，上皮样细胞之间有中性白细胞。角膜的组织变化表现为上皮增生，固有层弥漫性变性，有些病例的固有层胶原纤维增生和纤维化。应注意羊传染性角膜结膜炎与维生素 A 缺乏症的区别。维生素 A 缺乏症主要发生于冬、春季节或舍饲羊，患羊多出现夜盲症及消化不良等症状。

（4）防治措施　病羊隔离，圈舍及时清扫消毒。用 2%～5% 的硼酸水或淡盐水或 0.01% 呋喃西林洗眼，擦干后可选用红霉素、氯霉素、四环素、2% 黄降汞或 2% 可的松等眼膏点眼。也可用青霉素或氯霉素加地塞米松 2 毫升、0.1% 肾上腺素 1 毫升混合点眼，每天 2～3 次。出现角膜混浊或白内障的，可滴入拨云散；或青霉素 50 万单位加病羊全血 10 毫升，眼睑皮下注射；或 50 万单位链霉素溶液 5 毫升眶上孔注射，2 天 1 次。

102. 何谓羊气肿疽？其传播途径是什么？

气肿疽又称鸣疽、气肿性炭疽，为羊的非接触性急性传染病。绵羊比山羊多发，常发生于山谷低湿的牧场或每年泛滥的地区。低湿的牧场、洪水所淹的地区、病畜尸体污染的地方、饲料和饮水，均能诱发传染。

传染的途径主要是伤口和消化道。

（1）伤口传染　如果皮肤及黏膜出现创伤，芽孢便随着土壤侵入伤口，而进入体内各部。但此菌是严格的厌氧菌，故必须创伤深穿在皮肤或黏膜以下，细菌才能发育而引起疾病的发生。通常绵羊是由于剪毛伤、断尾伤及去势伤而感染；母羊在生产期间由于生殖道的创伤而受到感染；山羊因抵架而发生的头部伤口，也能引起此病的发生。

（2）消化道感染　和炭疽一样，如果羊只吃喝了含有芽孢的水、饲料，便可使肠道受到感染。例如，健羊喝了病畜尸体所污染的河水，或吃了为尸体所污染的草料，均可遭受传染。如果羊的胃、肠壁受到异物的损伤，也就造成细菌侵入的途径。

103. 如何诊断羊气肿疽？

因为气肿疽的症状及剖检变化特殊，很容易辨认。

（1）临床症状　该病的潜伏期普通为 1～3 天，间或可以达到 5 天。病的主要症状是皮肤的局部有肿胀。羊发病后，步态僵硬，背部软弱，稍有臌气，体温增高，食欲大减或废绝，口角流出含有泡沫的唾涎，颈、胸部下方肿胀。肿胀部热而疼痛，其中，含有气体，故当用手指触压时，可以听到捻发音；叩诊时，发出轻轻的鼓响音。

（2）剖检变化　病部皮肤变硬，色黑，部分腐烂。肿胀部分呈现不洁之棕色或黑红色，周围为深红色或亚黄色。切开病部时，皮下组织有红色或黄色的胶性渗出物，混杂有出血点和气泡。下边的肌肉变成暗红色或黑色，从内可以挤出污红色而酸臭的液体，内含多量气泡，嗅之极像酸败的牛油气味。病部淋巴结肿胀，有液体浸润及出血点。淋巴管肿胀，内含淋巴液和气体。

胸、腹腔里常含有容量不等的红色液体。胸膜及心外膜有灰红色纤维性渗出物。肺小叶水肿，肺小叶间有胶性物质浸润，脾脏无大变化，或者肿胀而充满气泡，故有捻发音。肝脏松而脆，切面上有干而黄的坏死病灶。胃及小肠往往红肿或出血。

104. 如何防治羊气肿疽？

羊群放牧时，尽量不要去污染的牧场及低湿地区。因该病主要由创伤传染，一旦有创伤，就必须注意创伤的消毒和治疗。对病羊尸体应严加深埋，严禁剥皮和吃肉。病羊的圈舍、场地、用具等，必须用3%福尔马林或0.2%升汞溶液进行消毒。对污染的饲料、粪便和垫草等，都应全部烧毁。在常发病的区域及其周围，每年春、秋两季必须用气肿疽疫苗进行预防注射。

在病的初期，皮下或静脉注射抗气肿疽血清30~50毫升，常常可以获得良好的治疗效果。如果病情严重，可隔8~12小时再注射1次。磺胺类药物及抗生素（如青霉素、土霉素）都有显著疗效。若能将抗生素与抗气肿疽血清同时应用，效果更好。

如果没有条件应用上述疗法，可在肿胀部分的周围，皮下或肌内分点注射1%~2%高锰酸钾溶液或0.1%甲醛溶液。严禁切开或划破肿胀处。

如果肿胀位于腿的中部，可用带子扎紧肿胀部的上方，以免沿循环途径向上蔓延。

中药用百部15克，黄柏8克，石苇、独活各6克，龙胆草、花粉、八里麻（百两金）、血藤各12克，银花、连翘各9克；或天冬、薄荷各6克，马鞭草、连翘、车前草、黄柏各9克。共研末，用冷开水调灌，都有一定效果。

根据病情变化，随时进行对症治疗。

105. 什么是羊片形吸虫病？其病原体形态是怎样的？

片形吸虫病是羊的主要寄生虫病之一，是由肝片吸虫和大片吸虫寄生于羊的肝脏胆管所致。该病能引起急性或慢性肝炎和胆管炎，并伴发全身性中毒现象和营养障碍。

肝片吸虫虫体外观呈扁平叶状，体长 20~35 毫米，宽 5~13 毫米。自胆管内取出的鲜活虫体为棕红色，固定后呈灰白色。大片吸虫，成虫呈长叶状，长 33~76 毫米，宽 5~12 毫米。大片吸虫与肝片吸虫的区别在于，虫体前端无显著的头锥突起，肩部不明显。

肝片吸虫的成虫寄生于羊及其他宿主的胆管内。产出的虫卵随胆汁进入消化道，并与粪便一同排出体外。虫卵在适宜的温度（15~30℃）和充足的氧气、水分及光照条件下，经 10~25 天孵化出毛蚴，毛蚴在水中游动，通常只能生存 1~2 昼夜，其生活期间如遇中间宿主各种椎实螺，则侵入畜体内，经过胞蚴、母雷蚴、子雷蚴各阶段发育，最后形成大量的尾蚴自螺体逸出。尾蚴附着于水生植物上或在水面上形成囊蚴，羊等终末宿主在吃草或饮水时吞食囊蚴即遭受感染，并移行到胆管寄生。

大片吸虫的生活史与肝片吸虫相似。

 106. 如何诊断羊片形吸虫病？

（1）临床症状　该病的症状表现因感染强度（有约 50 条虫会出现明显症状）、病程长短、家畜的抵抗力、年龄及饲养条件不同而异，幼畜轻度感染即可表现症状。

急性型症状多发生于夏末秋初，是因短时间内遭受严重感染所致。慢性型症状较多见于患羊耐过急性期或轻度感染后，在冬春转为慢性。急性型病羊，初期发热，机体衰弱，易疲劳，离群落后；叩诊肝区半浊音区扩大，发病明显；很快出现贫血、黏膜苍白，红细胞及血红素显著降低，严重者多在几天内死亡。慢性型病羊，主要表现机体消瘦，贫血，黏膜苍白，食欲不振，异嗜，被毛粗乱无光泽，极易脱落，步行缓慢；眼睑、颌下、胸前及腹下出现水肿，尤以颌下水肿明显，俗称"水布袋"。便秘与下痢交替，发生病情逐渐恶化，最终可因极度衰竭而死亡。

（2）剖检变化　剖检可见，病理变化主要呈现在肝脏，其变化程度与感染虫体的数量及病程长短有关。

在大量感染、急性死亡的病例中，可见到急性肝炎和大出血后的贫血现象，肝肿大，包膜有纤维沉积，有 2 ~ 5 毫米长的暗红色虫道，虫道内有凝固的血液和少量幼虫。腹腔中有血红色的液体，有腹膜炎病变。

慢性病例主要呈现慢性增生性肝炎，在肝组织被破坏的部位出现淡白色索状瘢痕，肝实质萎缩、褪色、变硬，边缘钝圆，小叶间结缔组织增生。胆管肥厚、扩张呈绳索样突出于肝表面；胆管内有磷酸钙和磷酸镁等盐类的沉积使内膜粗糙，刀切时有沙沙声；胆管内有虫体和污浊稠厚的液体。病畜出现消瘦、贫血和水肿现象；胸腹腔及心包内蓄积有透明的液体。

确诊需要进行粪便虫卵检查。

107. 如何对羊片形吸虫病的粪便虫卵进行检查？

虫卵检查以水洗沉淀法较好。寄生虫虫卵的比重比水大，可自然沉于水底。因此，可利用自然沉淀的方法，将虫卵集中于水底便于检查。

检查的步骤是：取样（10 ~ 50 克）—置于容器内—先加少量的清水—搅拌成糊状—再加水（20 ~ 30 倍）—搅拌均匀—过滤（40 ~ 60 目）—将制备好的粪液置于容器内—加满水—静置（20 ~ 30 分钟）—倒去上清液（约2/3）—再加水—搅拌—静置（随着粪液逐渐变稀，静置的时间可以相对缩短，但不能少于 5 分钟）—反复操作至液体透明为止—倒去上清液，留下少量的水—吸取沉淀物镜检（所取的沉渣不能太浓，否则在镜检时视野模糊）。

镜检时，可发现羊肝片吸虫卵。羊肝片吸虫卵呈卵圆形，稍大，金黄色，致密且充满于卵壳，胚细胞靠近卵盖。

108. 如何防治羊片形吸虫病？

防治该病，必须采取综合措施，才能取得较好的效果。

（1）预防措施

① 防止健羊吞入囊蚴。不要把羊舍建在低湿地区，不在有片形吸虫的潮

湿牧场上放牧，不让羊饮用池塘、沼泽、水潭及沟渠里的脏水和死水，在潮湿牧场上割草时，必须割高一些。否则，应将割回的牧草贮藏6个月以上饲用。

② 进行定期驱虫。驱虫是预防该病的重要方法之一，应有计划地进行全群性驱虫，一般是每年进行1次，可在秋末冬初进行；对染病羊群，每年应进行3次；第1次在大量虫体成熟之前20~30天（成虫期前驱虫），第2次在第1次驱虫5个月后（成虫期驱虫），第3次在第2次驱虫2~2.5个月以后。不论在什么时候发现羊患该病，都要及时进行驱虫。

③ 避免粪便散布虫卵。对病羊的粪便应经常用堆肥发酵的方法进行处理，杀死其中的虫卵。对实行驱虫的羊只，必须圈留5~7天，不让乱跑，对这一时期所排的粪便，更应严格进行消毒。对于被屠宰羊的肠内容物也要认真进行处理。

④ 防止羊的肝脏散布病原体。对检查出严重感染的肝脏，应全部废弃；对感染轻微的肝脏，应该废弃被感染的部分。将废弃的肝脏进行高温处理，禁止用作其他动物的饲料。

⑤ 消灭中间宿主（螺蛳）。灭螺时要特别注意小水沟、小水洼及小河的岸边等处。对于沼泽地和低洼的牧地进行排水，利用阳光暴晒杀死螺蛳。对于较小而不能排水的死水地，可用1:50 000的硫酸铜溶液定期喷洒，以杀死螺蛳，至少每平方米用5 000毫升溶液，每年喷洒1~2次。也可用2.5:1 000 000的氯硝柳胺（血防67、灭绦灵）浸杀或喷杀椎实螺。

（2）药物治疗

驱除片形吸虫的药物，常用的有下列几种。

① 丙硫咪唑（抗蠕敏）。为广谱驱虫药，对驱除片形吸虫的成虫有疗效，剂量按每千克体重5~15毫克，口服。

② 硝氯酚（拜耳9015）。驱成虫有高效，剂量按每千克体重4~5毫克，口服。

③ 五氯柳胺（氯羟杨苯胺）。驱成虫有高效，剂量按每千克体重7.5毫克，口服。

④ 碘醚柳胺。驱成虫和6~12周的未成熟童虫都有效，剂量按每千克体重15毫克，口服。

⑤ 双酰胺氧醚。对1~6周龄肝片吸虫幼虫有高效，但随虫龄的增长，药效也随之降低。用于治疗急性期的病例，剂量按每千克体重7.5毫克，口服。

⑥ 硫双二氯酚（别丁）。驱成虫有效，但使用后有较强的下泻作用。剂量按每千克体重80~100毫克，口服。

⑦ 四氯化碳。驱成虫效果显著，但有一定副作用。剂量按成年羊每只 2 毫升，6~12 月龄羊 1 毫升，与液状石蜡以 1:4 的比例混合灌服；也可与等量的液状石蜡或已灭菌的植物油混合后，肌内注射。

109. 什么是羊双腔吸虫病？其病原体生活史如何？

双腔吸虫病是由矛形双腔吸虫和中华双腔吸虫等寄生于羊肝脏的胆管和胆囊内所引起的疾病。

（1）病原

① 矛形双腔吸虫。虫体扁平、透明，呈棕红色，肉眼可见到内部器官；表面光滑，前端尖细，后端较钝，呈矛状；体长 5~15 毫米、宽 1.5~2.5 毫米。腹吸盘大于口吸盘。虫卵呈卵圆形或椭圆形，暗褐色，卵壳厚，两侧稍不对称；大小为（38~45）微米×（22~30）微米。虫卵一端有明显的卵盖；卵内含毛蚴。

② 中华双腔吸虫。虫体扁平、透明，腹吸盘前方体部呈头锥样，其后两侧较宽似肩样突起；体长 3.5~9.0 毫米，宽 2.0~3.0 毫米。虫卵与矛形双腔吸虫卵相似。

（2）生活史　双腔吸虫在发育过程中，需要两个中间宿主，第一中间宿主为多种陆地蜗牛，第二中间宿主为蚂蚁。成虫在终末宿主的胆管或胆囊内产出的虫卵随胆汁进入肠内，并随粪便排出到外界。含有毛蚴的虫卵被陆地蜗牛吞食后，在其肠内孵出，穿过肠壁到肝脏中发育，经母胞蚴、子胞蚴发育成尾蚴。尾蚴从子胞蚴的大静脉移行到蜗牛的肺部，再移行到蜗牛的呼吸腔，在此每 100~400 个尾蚴集中在一起形成尾蚴囊群，外被黏性物质成为黏球，黏球通过蜗牛呼吸孔排出。尾蚴黏球如被蚂蚁吞食后，在其体内形成囊蚴。羊或其他终末宿主在放牧时如吞食了含有囊蚴的蚂蚁则遭受感染，囊蚴在家畜肠道中脱囊，由十二指肠经胆道到达胆管或胆囊，需 72~85 天发育为成虫。

110. 如何诊断羊双腔吸虫病？

病羊的症状表现因感染强度不同而有所差异。轻度感染的羊，通常无明显症状；严重感染时，则表现为可视黏膜增生，颌下水肿，消化功能紊乱，下痢并逐渐消瘦，甚至可因极度衰竭而导致死亡。

剖检的主要病变为胆管出现卡他性炎症变化和胆管壁肥厚，胆管周围结缔组织增生。肝脏发生硬变、肿大，肝表面粗糙，胆管扩张显露呈索状。在胆管和胆囊内可见寄生有数量不等的虫体。

111. 如何防治羊双腔吸虫病？

（1）治疗 对病羊采用下列药物治疗。

① 海涛林。该药是治疗双腔吸虫病最有效的药物，安全幅度大，对怀孕母羊及产羔均无不良影响；剂量按每千克体重40~50毫克，配成2%悬浮液，经口灌服。

② 丙硫咪唑。剂量按每千克体重30~40毫克，口服。

③ 六氯对二甲苯（血防846）。剂量按每千克体重200~300毫克，口服。

④ 噻苯唑。剂量按每千克体重150~200毫克，口服。

⑤ 吡喹酮。剂量按每千克体重65~80毫克，口服。

（2）预防 与肝片吸虫病相同，应以定期驱虫为主；同时，加强羊群的饲养管理，以提高其抵抗力；注意消灭中间宿主，阻断病原的传播途径及感染来源；粪便亦应进行堆肥发酵处理，以杀灭虫卵。

112. 羊阔盘吸虫病的病原是什么？

阔盘吸虫病是由阔盘属的数种吸虫寄生于宿主的胰管中所引起的疾病，亦称胰吸虫病。病原偶尔可寄生于胆管和十二指肠。

（1）病原 寄生于牛、羊等反刍动物的阔盘吸虫主要有胰阔盘吸虫、腔阔盘吸虫和枝睾阔盘吸虫，其中，以胰阔盘吸虫最为常见。

① 胰阔盘吸虫。虫体扁平、较厚，呈棕红色。虫体长8~16毫米，宽5.0~5.8毫米，呈长卵圆形。口吸盘大于腹吸盘。咽小，食道短。虫卵呈黄棕色或深褐色，椭圆形，两侧稍不对称，一端有卵盖，大小为（42~53）微米×（23~38）微米。卵壳厚，内含毛蚴。

② 腔阔盘吸虫。虫体较为短小，呈短椭圆形，体后端有一明显的尾突，虫体长7.48~8.05毫米，宽2.73~4.76毫米。虫卵大小为（34~47）微米×

（26~36）微米。

③ 枝睾阔盘吸虫。虫体是前尖后钝的瓜子形，长 4.49~7.90 毫米，宽 2.17~3.07 毫米。口吸盘略小于腹吸盘，睾丸大而分枝，卵巢分叶 5~6 瓣。虫卵大小为（45~52）微米×（30~34）微米。

（2）生活史　阔盘吸虫的发育须经虫卵、毛蚴、母胞蚴、子胞蚴、尾蚴、囊蚴及成虫各个阶段。寄生在胰管中的成虫产出的虫卵随胰液进入消化道，再随粪排出。虫卵在外界被第一中间宿主陆地蜗牛吞食后，在羊体内孵出毛蚴并依序发育为母胞蚴、子胞蚴和尾蚴，包裹着尾蚴的成熟子胞蚴经呼吸孔排出到外界。从蜗牛吞食虫卵子排出成熟的子胞蚴，在温暖季节需 5~6 个月，夏季以后感染蜗牛的则大约经过 1 年才能发育成熟。成熟的子胞蚴被第 2 个中间宿主草螽或针蟋吞食后，经 23~30 天尾蚴发育为囊蚴。羊等终末宿主吃草时吞食了含有囊蚴的草螽或针蟋而感染，经 80~100 天发育为成虫。从虫卵到成虫，全部发育过程需要 10~16 个月才能完成。

113. 怎样诊断和防治羊阔盘吸虫病？

（1）诊断　阔盘吸虫大量寄生时，由于虫体刺激和毒素作用，使胰管发生慢性增生性炎症，使胰管管腔窄小甚至闭塞，使消化酶的产生和分泌及糖代谢机能失调，引起消化及营养障碍。病羊表现消化不良，消瘦，贫血，颌下及胸前水肿，衰弱，经常下痢，粪中常有黏液，严重时可引起死亡。

病死羊尸体消瘦，胰腺肿大，胰管因高度扩张呈黑色蚯蚓状突出于胰脏表面。胰管发炎肥厚，管腔黏膜不平，呈乳头状小结节突起，并有点状出血，内含大量虫体。慢性感染则使结缔组织增生而导致整个胰脏硬化、萎缩，胰管内仍有数量不等的虫体寄生。

（2）防治措施　治疗可选用六氯对二甲苯，剂量按每千克体重 400 毫克，口服 3 次，每次间隔 2 天。吡喹酮口服时，剂量按每千克体重 65~80 毫克；肌内注射或腹腔注射时，剂量按每千克体重 50 毫克，并以液状石蜡或植物油（灭菌）制成 20% 油剂。腹腔注射时应防止注入肝脏或肾脂肪囊内。

该病流行地区应在每年初冬和早春各进行 1 次预防性驱虫；有条件的地区可实行划区放牧，以避免感染；应注意消灭其第一中间宿主蜗牛（其第二中间宿主草螽在牧场广泛存在，扑灭甚为困难）；同时，加强饲养管理，以增加畜体的抗病能力。

114. 什么是羊前后盘吸虫病？病原是什么？

前后盘吸虫病是由前后盘科的各属吸虫寄生所引起的疾病。成虫寄生在羊、牛等反刍动物的瘤胃和网胃壁上，危害不大。幼虫因在发育过程中移行于真胃、小肠、胆管和胆囊，可造成较严重的病害，甚至导致死亡。

（1）病原　前后盘吸虫种属很多，虫体大小互有差异，有的仅长数毫米，有的则长达20余毫米；颜色可呈深红色、褐红色或乳白色；虫体在形态结构上亦有不同程度的差异。其主要的共同特征为：虫体形状呈长椭圆形、梨形或圆锥形；2个吸盘中，腹吸盘位于虫体后端，并显著大于口吸盘，因口、腹吸盘位于虫体两端，好似2个口，所以又称为双口吸虫。

（2）生活史　前后盘吸虫的发育与肝片吸虫很相似，只需1个中间宿主，其中间宿主为淡水螺。前后盘吸虫的成虫在反刍动物瘤胃产卵，卵随粪一起排出体外，在适宜的温度条件下（26~30℃），经12~13天孵出毛蚴，进入水中，找到适宜的中间宿主即钻入其体内，发育形成胞蚴、雷蚴、子雷蚴及尾蚴，尾蚴成熟后离开中间宿主，附着在水草上形成囊蚴。羊等终末宿主吞食了附有囊蚴的水草而感染。童虫在小肠、真胃及其黏膜下组织、胆管、胆囊、大肠、腹腔液甚至肾盂中移行寄生3~8周，最终到达瘤胃内发育为成虫。

115. 如何诊断和防治羊前后盘吸虫病？

（1）诊断　患羊主要症状是顽固性腹泻，粪便常有腥臭味；体温有时升高；消瘦，贫血，颌下水肿，黏膜苍白。后期可因极度衰竭而死亡。

剖检可见，童虫移行造成的小肠、真胃黏膜水肿，形成出血点及发生出血性肠炎，严重时肠黏膜出现坏死和纤维素性炎症；肠内充满腥臭的稀粪；盲肠、结肠淋巴滤泡肿胀、坏死，有的形成溃疡；胆管、胆囊膨胀；在小肠、真胃及胆管和胆囊内可见数量不等的童虫。当成虫寄生时，其造成的损害轻微。

（2）防治措施　治疗可选用氯硝柳胺（灭绦灵），该药对驱除童虫疗效良好，剂量按每千克体重75~80毫克，口服；硫双二氯酚驱成虫疗效显著，驱童虫亦有较好的效果，剂量按每千克体重80~100毫克，口服；溴羟替苯胺驱成虫、童虫均有较好的疗效，剂量按每千克体重65毫克，制成悬浮液，灌服。

预防该病可参照片形吸虫病，并根据当地的具体情况和条件，制定以定期驱虫为主的预防措施。

 116. 什么是羊血吸虫病？病原是什么？

羊的血吸虫病是由分体科、分体属和鸟毕属的吸虫寄生在门静脉、肠系膜静脉和盆腔静脉内，引起贫血、消瘦与营养障碍等疾患的一种蠕虫病。

（1）病原

① 分体属。该属在我国仅有日本分体吸虫一种。虫体呈细长线状。雄虫乳白色，体长 10~20 毫米，宽 0.50~0.97 毫米。口吸盘在体前端；腹吸盘较大，具有粗而短的柄，位于口吸盘后方不远处。

② 鸟毕属。鸟毕属中较重要的虫种有土耳其斯坦鸟毕吸虫、彭氏鸟毕吸虫、程氏鸟毕吸虫和土耳其斯坦结节变种。

土耳其斯坦鸟毕吸虫虫体呈线状。雄虫乳白色，体表平滑无结节；体长 42~80 毫米，宽 0.36~0.42 毫米；口、腹吸盘均不发达；腹吸盘后体壁向腹面卷曲形成抱雌沟（雌雄虫体通常也呈合抱状态）；雌虫呈暗褐色，体长 3.4~8.0 毫米，宽 0.07~0.12 毫米，虫卵无卵盖，长 72~77 微米，宽 18~26 微米。卵的两端各有 1 个附属物，一端的比较尖，另一端的钝圆。

（2）生活史　日本分体吸虫与鸟毕吸虫的发育过程大体相似，包括虫卵、毛蚴、母胞蚴、子胞蚴、尾蚴、童虫及成虫等阶段。其不同之处是：日本分体吸虫的中间宿主为钉螺，而鸟毕吸虫为多种椎实螺；此外，它们在宿主范围、各个幼虫阶段的形态及发育所需时间等方面也有所区别。其发育过程如下。

雌虫在寄生的静脉末梢产卵，产出的虫卵一部分随血流到达肝脏，一部分沉积在肠黏膜下层的静脉末梢。肠壁上的虫卵在血管内成熟后，虫卵内毛蚴分泌的溶细胞物质使虫卵周围肠组织发炎、坏死、破溃，虫卵进入肠道随粪便排出体外，并在外界水中孵出毛蚴。毛蚴遇中间宿主钉螺或椎实螺即迅速钻入螺体内，经母胞蚴、子胞蚴和尾蚴阶段的发育后，尾蚴离开螺体入水中。羊等终末宿主饮水或放牧时，尾蚴即钻入羊皮肤或通过口腔黏膜进入体内，体内的虫体亦可通过胎盘感染胎儿。在终末宿主体内的童虫又侵入小血管或淋巴管，随血流到达其寄生部位发育为成虫。

117. 如何诊断和防治羊血吸虫病？

（1）诊断　日本分体吸虫大量感染时，病羊表现为腹泻和下痢，粪中带有黏液、血液，体温升高，黏膜苍白，日渐消瘦，生长发育受阻；可导致不孕或流产。通常绵羊和山羊感染日本分体吸虫时症状表现较轻。感染鸟毕吸虫的羊多呈慢性过程，主要表现为颌下、腹下水肿，贫血，黄疸，消瘦，发育障碍及影响受胎，发生流产等，如饲养管理不善，最终可导致死亡。

剖检可见，尸体明显消瘦、贫血和出现大量腹水；肠系膜、大网膜，甚至胃肠壁浆膜层出现显著的胶样浸润；肠黏膜有出血点、坏死灶、溃疡、肥厚或瘢痕组织；肠系膜淋巴结及脾变性、坏死；肠系膜静脉内有成虫寄生；肝脏病初肿大，后则萎缩、硬化；在肝脏和肠道处有数量不等的灰白色虫卵结节；心、肾、胰、脾、胃等器官有时也可发现虫卵结节的存在。

（2）防治措施

① 定期驱虫。及时对人、畜进行驱虫和治疗，并做好病畜的淘汰工作。

② 消灭中间宿主。结合水土改造工程或用灭螺药物杀灭中间宿主，阻断血吸虫的发育途径。

③ 粪便管理。在疫区内可以将人、畜粪便进行堆肥发酵和制造沼气，既可增加肥效，又可杀灭虫卵。

④ 用水管理。选择无螺水源，实行专塘用水或用井水，以杜绝尾蚴的感染。

⑤ 安全放牧。全面合理规划草场建设，逐步实行划区轮牧；夏季防止家畜涉水，避免感染尾蚴。

⑥ 药物治疗。可用硝硫氰胺（7505），剂量按每千克体重4毫克，配成2%~3%水悬液，颈静脉注射；吡喹酮，剂量按每千克体重20~30毫克，1次口服；敌百虫，剂量绵羊按每千克体重70~100毫克，山羊按每千克体重50~70毫克，灌服；六氯对二甲苯，剂量按每千克体重700毫克，平均分7份，每日1次，连用7天，灌服。

118. 什么是反刍兽绦虫病？病原是什么？

反刍兽绦虫病是由莫尼茨绦虫、曲子宫绦虫及无卵黄腺绦虫寄生于绵羊、山羊和牛的小肠所引起。

（1）病原

① 莫尼茨绦虫。莫尼茨绦虫虫体呈带状。由头节、颈节及锥体部组成，全长可达 6 米，最宽处 16~26 毫米，呈乳白色。头节上有 4 个近于椭圆形的吸盘，无顶突和小钩。

② 曲子宫绦虫。虫体可长达 2 米，宽约 12 毫米。每个节片有 1 组生殖器官，虫卵近于圆形。

③ 无卵黄腺绦虫。是反刍兽绦虫中较小的一类，虫体长 2~3 米，宽仅为 3 毫米左右。由于虫节片中央的子宫相互靠近，肉眼观察能明显地看到虫体后部中央贯穿着一条白色的线状物。

（2）生活史　莫尼茨绦虫、曲子宫绦虫及无卵黄腺绦虫的中间宿主均为地螨。寄生于羊、牛小肠的绦虫成虫，它们的孕卵节片或虫卵随粪便排出后，如被地螨吞食，则虫卵内的六钩蚴在地螨体内发育为似囊尾蚴。当终末宿主羊、牛等反刍动物在采食时连同牧草一起吞食了含有似囊尾蚴的地螨后，似囊尾蚴在反刍动物消化道逸出，附着在肠壁上逐渐发育为成虫。

 119. 怎样诊断和防治反刍兽绦虫病？

（1）诊断　患羊症状表现的轻重通常与感染虫体的强度及体质、年龄等因素密切相关。一般可表现为食欲减退，出现贫血与水肿。羔羊腹泻时，粪中混有虫体节片，有时还可见虫体的一段吊在肛门处。被毛粗乱无光，喜躺卧，起立困难，体重迅速减轻。若虫体阻塞肠管时，则出现肠臌胀和腹痛表现，甚至因肠破裂而死亡。有时病羊亦可出现转圈、肌肉痉挛或头向后仰等神经症状。后期，患畜仰头倒地，经常作咀嚼运动、四周围有泡沫，对外界反应几乎丧失，直至全身衰竭而死。

剖检病死羊，可在小肠中发现数量不等的虫体；其寄生处有卡他性炎症，有时可见肠壁扩张，肠套叠乃至肠破裂；肠系膜、肠黏膜、肾脏、脾脏甚至肝脏发生增生性变性过程；肠黏膜、心内膜和心包膜有明显的出血点；脑内可见出血性浸润和出血；腹腔和颅腔贮有渗出液。

（2）防治措施 治疗可用丙硫咪唑，剂量按每千克体重5~20毫克，做成1%的水悬液，口服；氯硝柳胺，剂量按每千克体重100毫克，配成10%水悬液，口服；硫双二氯酚，剂量按每千克体重75~100毫克，包在菜叶里口服，亦可灌服；砷制剂，包括砷酸亚锡、砷酸铅及砷酸钙，各药剂量均按羔羊每只0.5克，成年羊每只1克，装入胶囊口服；硫酸铜，使用时，可将其配制成1%水溶液（为了使硫酸铜充分溶解，可在配制时每1 000毫升溶液中加入1~4毫升盐酸。配制的溶液应贮存于玻璃或木质的容器内。其治疗剂量为：1~6月龄的绵羊15~45毫升；7月龄至成年羊50~100毫升；成年山羊不超过60毫升。可用长颈细口玻璃瓶灌服）；仙鹤草根芽粉，绵羊每只用量30克，1次口服。

（3）预防 在虫体成熟前，即羊放牧后30天内进行第1次驱虫，再经10~15天后进行第2次驱虫，此法不仅可驱除寄生的幼虫，还可防止牧场或外界环境遭受污染。有条件的地区可实行科学轮牧。尽可能避免雨后、清晨和黄昏放牧，以减少羊吃进中间宿主——地螨的机会。结合牧场改良，进行深耕，种植优良牧草或农牧轮作，不仅能大量减少地螨，还可提高牧草质量。

120. 什么是羊消化道线虫病？病原是什么？

寄生于羊消化道的线虫种类很多，各种消化道线虫往往混合感染，对羊群造成不同程度的危害，是每年春乏时造成羊死亡的重要原因之一。

（1）病原

① 捻转血矛线虫。寄生于真胃，偶见于小肠。如果在真胃中属大型线虫。虫体线状，呈粉红色。雄虫长15~19毫米，其交合伞的背肋偏于左侧，呈倒"Y"字形。雌虫长27~30毫米，由于红色的消化管和白色的生殖管相互缠绕，形成红白相间的外观，俗称"麻花虫"。

② 奥斯特线虫。寄生于真胃。虫体呈棕色，亦称棕色胃虫，长4~14毫米。

③ 马歇尔线虫。寄生于真胃，似棕色胃虫，但虫体较大。

④ 毛圆线虫。寄生于小肠，偶可寄生于真胃和胰脏。虫体小，长5~6毫米，呈淡红色或褐色。

⑤ 细颈线虫。寄生于小肠或真胃，为小肠内中等大小的虫体。

⑥ 古柏线虫。寄生于小肠、胰脏，偶见于真胃。虫体呈红色或淡黄色，大小与毛圆线虫相似。

⑦ 仰口线虫。寄生于小肠。虫体较粗大，前端弯向背面，故有钩虫之称。

⑧ 食道口线虫。寄生于大肠。虫体较大，呈乳白色。

⑨ 夏伯特线虫。亦称阔口线虫，寄生于大肠。虫体大小近似食道口线虫。

⑩ 毛首线虫。寄生于盲肠。整个虫体形似鞭子，亦称鞭虫。虫体较大，是乳白色。

（2）生活史 羊的各种消化道线虫均系土源性发育，即在它们的发育过程中不需要中间宿主的参与，家畜感染是由于吞食了被虫卵所污染的饲草、饲料及饮水所致，幼虫在外界的发育难以制约，从而造成了几乎所有羊只不同程度感染发病的状况。

上述各种线虫的虫卵随粪便排出体外，在外界适宜的条件下，绝大部分种类线虫的虫卵首先孵化出第一期幼虫，经过2次蜕化后发育成具有感染宿主能力的第三期幼虫。但毛首线虫的感染性幼虫是在虫卵内发育而成，并不孵化出来，在外界仅以感染性虫卵的形式存在。羊在吃草或饮水时如食入了线虫的感染性幼虫或感染性虫卵即被感染。仰口线虫的感染性幼虫除能经口感染外，还能直接钻入皮肤发生感染。病原进入羊体内后通常在它们各自的特定寄生部位再经2次蜕化，发育成为第五期幼虫，并逐渐发育为成虫。食道口线虫的感染性幼虫则需钻入大结肠和小结肠的固有膜深处形成包囊（结节），幼虫在包囊内发育成第五期幼虫后才自结节中返回肠腔发育为成虫。

✒ 121. 如何诊断和防治羊消化道线虫病？

（1）诊断要点 病羊感染各种消化道线虫的主要症状表现为消化紊乱、胃肠道发炎、腹泻、消瘦、眼结膜苍白、贫血。严重病例下颌间隙水肿，羊体发育受阻。少数病例体温升高，呼吸、脉搏频数，心音减弱，最终病羊可因身体极度衰竭而死亡。

剖检可见，消化道各部有数量不等的相应线虫寄生。尸体消瘦，贫血，内脏显著苍白，胸、腹腔内有淡黄色渗出液，大网膜、肠系膜胶样浸润，肝、脾出现不同程度的萎缩、变性，真胃黏膜水肿，有时可见虫咬的痕迹和针尖大到粟粒大的小结节，小肠和盲肠黏膜有卡他性炎症，大肠可见到黄色小点状的结节或化脓性结节以及肠壁上遗留下的一些瘢痕性斑点。当大肠上的虫卵结节向腹膜面破溃时，可引发腹膜炎和泛发性粘连；向肠腔内破溃时，则可引起溃疡性和化脓性肠炎。

（2）防治措施 治疗该病可选用丙硫咪唑，剂量按每千克体重 5~20 毫克，口服；左旋咪唑，剂量按每千克体重 5~10 毫克，混饲或作皮下、肌内注射；硫化二苯胺，剂量按每千克体重 600 毫克，用面汤做成悬浮液，灌服；噻苯唑，剂量按每千克体重 50 毫克，口服，该药对毛首线虫效果较差；精制敌百虫，剂量按绵羊每千克体重 80~100 毫克，山羊每千克体重 50~70 毫克，口服；甲苯唑，剂量按每千克体重 10~15 毫克，口服；硫酸铜，用蒸馏水配成 1%溶液，剂量按大羊 100 毫升、中羊 80 毫升、小羊 50 毫升，山羊用量不得超过 60 毫升，灌服。

为防该病发生，可在晚秋转入舍饲后和春季放牧前各进行 1 次计划性驱虫，因地区不同，选择驱虫的时间和次数可根据具体情况酌定。羊应饮用干净的流水或井水，尽可能避免吃露水草和在低湿处放牧，以减少感染机会；粪便可进行堆肥发酵，以杀死虫卵；加强饲养管理，提高羊的抗病能力。

122. 什么是羊肺线虫病？病原是什么？

羊肺线虫病是由网尾科和原圆科的线虫寄生在气管、支气管、细支气管乃至肺实质，引起的以支气管炎和肺炎为主要症状的疾病。肺线虫病在我国分布广泛，是羊常见的蠕虫病之一。

（1）病原

① 大型肺线虫。该虫系大型白色虫体，肠管呈黑色，穿行于体内，口囊小而浅。

② 小型肺线虫。小型肺线虫种类繁多，其中，缪勒属和原圆属线虫分布最广，危害也较大。该类线虫虫体纤细，长 12~28 毫米，多见于细支气管和肺泡内。

（2）生活史 大型肺线虫与小型肺线虫的发育有所不同，即网尾科线虫发育过程无中间宿主参与，属土源性发育；而小型肺线虫在发育时需要中间宿主的参与，属生物源性发育。

各种肺线虫的虫卵在呼吸道产出后，上行至咽部，利用宿主咳嗽时，经咽部进入消化道，在此过程中孵化出第一期幼虫，第一期幼虫又随粪便排出体外。大型肺线虫的第一期幼虫在外界适宜条件下，约经 1 周发育为感染性幼虫；小型肺线虫的第一期幼虫则需钻入中间宿主多种陆螺或蛞蝓体内发育为感染性幼虫。存在于外界草场、饲料或饮水中和中间宿主体内的大型肺线虫、小型肺线虫的感染性幼虫被终末宿主羊吞食后，幼虫进入肠系膜淋巴结，经淋巴液循环到达右心，又随血流到达肺脏，虫体在此过程中经第四、第五两期幼虫的发育，最终在肺部各自的寄生部位发育为成虫。

 ## 123. 怎样诊断和防治羊肺线虫病？

（1）诊断要点　羊群遭受感染时，首先个别羊干咳，继而成群咳嗽，运动时和夜间咳嗽更为显著，此时呼吸声明显粗重，如拉风箱。在频繁而痛苦的咳嗽时，常咳出含有成虫、幼虫及虫卵的黏液团块。咳嗽时伴发啰音和呼吸急迫，鼻孔中排出黏稠分泌物，干涸后形成鼻痂，从而使呼吸更加困难。病羊常打喷嚏，逐渐消瘦、贫血，头、胸及四肢水肿，被毛粗乱。通常羔羊发病症状严重，死亡率也高；成年羊感染或羔羊轻度感染时，症状表现较轻。单独感染小型肺线虫时，病情亦比较轻缓，只是在病情加剧或接近死亡时，才明显表现为呼吸困难，出现干咳或暴发性咳嗽。

剖检病变主要表现在肺部，可见有不同程度的肺膨胀和肺气肿，肺表面隆起，呈灰白色，触摸时有坚硬感；支气管中有黏性或脓性混有血丝的分泌团块；气管、支气管及细支气管内可发现数量不等的大、小肺线虫。

（2）防治措施　治疗可选用丙硫咪唑，剂量按每千克体重 5~15 毫克，口服，对各种肺线虫均有良效；苯硫咪唑，剂量按每千克体重 5 毫克，口服；左旋咪唑，剂量按每千克体重 7.5~12 毫克，口服；氰乙酸肼，剂量按每千克体重 17 毫克，口服；或每千克体重 15 毫克，皮下注射或肌内注射。该药对泰勒线虫无效；枸橼酸乙胺嗪（海群生），剂量按每千克体重 200 毫克，内服，适合对感染早期幼虫的治疗。

该病流行区内，每年应对羊群进行 1~2 次普遍驱虫，并及时对病羊进行治疗。驱虫治疗期应注意收集粪便进行生物热处理；羔羊与成年羊应分群放牧，并饮用流动水或井水；有条件的地区可实行轮牧，避免在低温沼泽地区放牧；冬季羊群应予适当补饲，补饲期间每隔 1 日可在饲料中加入硫化二苯胺，按成年羊每只 1 克、羔羊每只 0.5 克计，让羊自由采食，能大大减少病原的感染。对小型肺线虫病亦应注意消灭其中间宿主。

124. 羊螨病是怎样发生的？

　　羊螨病是由疥螨和痒螨寄生在体表而引起的慢性寄生性皮肤病，具有高度传染性，往往在短期内可引起羊群严重感染，危害十分严重。

　　（1）病原

　　① 疥螨。疥螨寄生于皮肤角化层下，并不断在皮内挖凿隧道，虫体即在隧道内不断发育和繁殖。疥螨的成虫形态特征为：虫体小，长 0.2~0.5 毫米，肉眼不易看见；体呈圆形，浅黄色，体表生有大量小刺。

　　② 痒螨。寄生在皮肤表面。虫体呈长圆形，较大，长 0.5~0.9 毫米，肉眼可见。

　　（2）生活史　疥螨与痒螨的全部发育过程都在宿主体上度过，包括虫卵、幼虫、若虫和成虫 4 个阶段，其中，雄螨有 1 个若虫期，雌螨有 2 个若虫期。疥螨的发育是在羊的表皮内不断挖凿隧道，并在隧道中不断繁殖和发育，完成 1 个发育周期需 8~22 天。痒螨在皮肤表面进行繁殖和发育，完成 1 个发育周期需 10~12 天。该病的传播是由于健羊与患羊直接接触，或通过被螨及其卵所污染的厩舍、用具的间接接触引起感染。

 125. 怎样诊断和防治羊螨病？

　　（1）诊断要点　羊螨病主要发生于冬季和秋末、春初。发病时，疥螨病一般始发于皮肤柔软且毛短的部位，如嘴唇、口角、眼圈及耳根部，以后皮肤炎症逐渐向周围蔓延；痒螨病则起始于被毛稠密和温度、湿度比较恒定的皮肤部位，如绵羊多发生于背部、臀部及尾根部，以后才向体侧蔓延。

　　该病初发时，因虫体小刺、刚毛和分泌的毒素刺激神经末梢，引起剧痒，可见病羊不断在圈墙、栏柱等处摩擦；在阴雨天气、夜间、通风不好的圈舍以及随着病情的加重，痒觉表现更为剧烈；由于患羊的摩擦和啃咬，患部皮肤出现丘疹、结节、水疱，甚至脓疱，以后形成痂皮和龟裂。绵羊患疥螨病时，因病变主要局限于头部，病变皮肤有如干涸的石灰，故有"石灰头"之称。绵羊感染痒螨后，可见患部有大片被毛脱落。发病后，患羊因终日啃咬和摩擦患部，烦躁不安，影响了正常的采食和休息，日渐消瘦，最终不免因极度衰竭而死亡。

（2）类症鉴别

① 与湿疹的鉴别。湿疹痒觉不剧烈，且不受环境、温度影响，无传染性，皮屑内无虫体。

② 与秃毛癣的鉴别。秃毛癣患部呈圆形或椭圆形，界限明显，其上覆盖的浅黄色干痂易于剥落，痒觉不明显。镜检经10%氢氧化钾处理的毛根或皮屑，可发现癣菌的孢子或菌丝。

③ 与虱和毛虱的鉴别。虱和毛虱所致的症状有时与螨病相似，但皮肤炎症、落屑及形成痂皮程度较轻，容易发现虱及虱卵，病料中找不到螨虫。

（3）防治措施

① 治疗。注射药物疗法，可选用伊维菌素或与伊维菌素药理作用相似的药物，此类药物不仅对螨病，而且对其他的节肢动物疾病和大部分线虫病均有良好疗效。应用伊维菌素时，剂量按每千克体重50~100微克。

涂药疗法适合于病羊数量少、患部面积小的情况，可在任何季节应用，但每次涂药面积不得超过体表的1/3。可选用克辽林擦剂：克辽林1份、软肥皂1份、酒精8份，调和即成；也可选用5%敌百虫溶液：来苏尔5份，溶于温水100份中，再加入5份敌百虫即成。

此外，亦可应用林丹、单甲脒、澳氰菊酯（倍特）等药物，按说明书涂擦使用。

药浴疗法适用于病羊数量多且气候温暖的季节，也是预防该病的主要方法。药浴时，药液可选用0.025%~0.030%林丹乳油水溶液，0.05%蝇毒磷乳剂水溶液，0.5%~1.0%敌百虫水溶液，0.05%辛硫磷乳油水溶液等。

② 治疗时的注意事项。为使药物有效杀灭虫体，涂擦药物时应剪去患部周围被毛，彻底清洗并除去痂皮及污物。大规模药浴最好选择山羊抓绒、绵羊剪毛后数天时进行。药液温度应按药物种类所要求的温度予以保持，药浴时间应维持1分钟左右，药浴时应注意羊头的浸泡。

大规模治疗时，应对选用的药物预做小群安全试验。药浴前让羊饮足水，以免误饮药液。工作人员亦应注意自身安全防护。

因大部分药物对螨的虫卵无杀灭作用，治疗时可根据使用药物情况重复用药2~3次，每次间隔5天，方能杀灭新孵出的螨虫，达到彻底治愈的目的。

③ 预防。每年定期对羊群进行药浴，可取得预防与治疗的双重效果；加强检疫工作，对新购入的羊应隔离检查后再混群；经常保持圈舍卫生、干燥和通风良好，定期对圈舍和用具进行清扫和消毒；对患羊应及时治疗，可疑患羊

应隔离饲养；治疗期间，应注意对饲养人员、圈舍、用具同时进行消毒，以免病原散布，不断出现重复感染。

126. 什么是羊鼻蝇蛆病？病原是什么？

羊鼻蝇蛆病是由羊鼻蝇的幼虫寄生在羊的鼻腔及附近腔窦内所引起的疾病。在我国西北、东北、华北地区较为常见。羊鼻蝇主要为害绵羊，对山羊为害较轻。病羊表现为精神不安，体质消瘦，甚至发生死亡。

（1）病原　成虫羊鼻蝇形似蜜蜂，全身密生短绒毛，体长 10~12 毫米；头大呈半球形、黄色。幼虫，第一期幼虫呈淡黄白色，长 1 毫米；第二期幼虫呈椭圆形，长 20~25 毫米，体表刺不明显，后气门呈弯肾形；第三期幼虫长约 30 毫米，背面拱起。

（2）生活史　羊鼻蝇的发育需经幼虫、蛹及成虫 3 个阶段。成虫出现于每年 5—9 月，雌雄交配后，雄虫很快死亡，雌虫则于有阳光的白天以急剧而突然的动作飞向羊鼻，将幼虫产在羊鼻孔内或羊鼻孔周围，雌虫在数天内产完幼虫后亦很快死亡。产出的第一期幼虫活动力很强，爬入鼻腔后以其口前钩固着于鼻黏膜上，并逐渐向鼻腔深部移行，到达额窦或鼻窦内（有些幼虫还可以进入颅腔），经 2 次蜕化发育为第三期幼虫。幼虫在鼻腔内寄生 9~10 个月，到翌年春天，发育成熟的第三期幼虫由鼻腔深部向浅部返回移行，当患羊打喷嚏时，将其喷出鼻孔，三期幼虫即在土壤表层或羊粪内变蛹，蛹的外表形态与三期幼虫相同。蛹经 1~2 个月羽化为成虫。成虫寿命 2~3 周。在温暖地区羊鼻蝇 1 年可繁殖 2 代，在寒冷地区每年繁殖 1 代。

127. 怎样诊断和防治羊鼻蝇蛆病？

（1）诊断要点　羊鼻蝇幼虫进入羊鼻腔、额窦及鼻窦后，在其移行过程中，由于体表小刺和口前钩损伤黏膜引起鼻炎，可见羊流出多量鼻液，鼻液初为浆液性，后为黏液性和脓性，有时混有血液；当大量鼻液干涸在鼻孔周围形成硬痂时，羊发生呼吸困难。此外，可见病羊表现不安，打喷嚏，时常摇头，擦鼻，眼睑浮肿，流泪，食欲减退，日渐消瘦。症状表现可因幼虫在鼻腔内的发育期不同而持续数月。通常感染不久呈急性表现，以后逐渐好转，到幼虫寄生的晚期，则疾病表现更为剧烈。有时，当个别幼虫进入颅腔损伤了脑膜或因鼻窦发炎而波及脑膜时可引起神经症状，病羊表现为运动失调，旋转运动。头弯向一侧或发生麻痹；最后病羊食欲废绝，因极度衰竭而死亡。

（2）防治措施　治疗该病应以消灭第一期幼虫为主要措施。各地可根据不同气候条件和羊鼻蝇的发育情况，确定防治的时间，一般在每年11月进行为宜。可选用精制敌百虫口服，按每千克体重0.12克，配成2%溶液，灌服。使用精制敌百虫肌内注射时，取精制敌百虫60克，加95%酒精31毫升，在瓷容器内加热溶解后，加入31毫升蒸馏水，再加热至60~65℃，待药完全溶解后，加水至总量100毫升，经药棉过滤后即可注射。剂量按羊体重10~20千克用0.5毫升；体重20~30千克用1毫升；体重30~40千克用1.5毫升；体重40~50千克用2毫升；体重50千克以上用2.5毫升。

128. 什么是羊梨形虫病？病原是什么？

羊梨形虫病是由泰勒科和巴贝斯科的各种梨形虫引起的血液原虫病。其中，绵羊泰勒虫和绵羊巴贝斯虫是使绵羊和山羊致病的主要病原体，疾病由硬蜱吸血时传播。该病在我国甘肃、青海和四川等地均有发生，常造成羊大批死亡，为害严重。

（1）病原

① 绵羊泰勒虫。寄生在红细胞内的虫体大多数呈圆形和卵圆形，约占80%，其次，为杆状，圆点状较少。圆形虫体的直径为0.6~2.0微米，卵圆形虫体长约1.6微米。

② 绵羊巴贝斯虫。病原寄生于红细胞内，虫体有双梨籽形、单梨籽形、椭圆形和变形虫等各种形状，其中，双梨籽形占60%以上，其他形状虫体较少。梨形虫体为（2.5~3.5）微米×1.5微米，大于红细胞半径；虫体有2个染色质团块。双梨籽虫体尖端以锐角相连，位于红细胞中央。

（2）生活史　羊梨形虫的生活史尚不十分明了，有待更加详尽的研究。资料记载，我国绵羊巴贝斯虫病的主要传播者为扇头蜱属的蜱，绵羊泰勒虫病的主要传播者为血蜱属的蜱，病原在蜱体内要经过有性的配子生殖并产生子孢子，当蜱吸血时即将病原注入羊体内。绵羊巴贝斯虫寄生于羊的红细胞内并不断进行无性繁殖；绵羊泰勒虫在羊体内首先侵入网状内皮系统细胞，在肝、脾、淋巴结和肾脏内进行裂体繁殖（石榴体），继而进入红细胞内寄生。上述

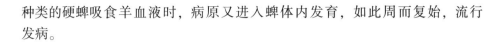

种类的硬蜱吸食羊血液时，病原又进入蜱体内发育，如此周而复始，流行发病。

 ## 129. 如何诊断和防治羊梨形虫病？

（1）诊断要点

① 泰勒虫感染。病羊主要表现：病初体温升高至 40~42℃，呈稽留热型；呼吸促迫，鼻发鼾声；心律不齐；食欲减退，便秘或腹泻；精神沉郁，四肢僵硬，喜卧地；眼结膜初为充血，继而苍白，并轻度黄染；羊体逐渐消瘦；体表淋巴结肿大，肩前淋巴结肿大尤为显著，可由核桃大至鸭蛋大，触之有痛感。剖检死于泰勒虫感染的羊，可见尸体消瘦，贫血；全身淋巴结不同程度的肿大，尤以肩前、肠系膜、肝、肺等处更为明显；肝脏、胆囊、脾脏显著肿大并有出血点；肾脏呈黄褐色，表面有淡黄色或灰白色结节和小出血点；真胃黏膜有溃疡斑，肠黏膜有少量出血点。

② 巴贝斯虫感染。病羊的主要症状为，体温高达 41~42℃，稽留数日或直至死亡；呼吸浅表，脉搏加速，精神萎靡，食欲减退乃至废绝；黏膜苍白，显著黄染；时而出现血红蛋白尿，并出现腹泻；红细胞减少，大小不匀。剖检死于巴贝斯虫感染的羊时，可见黏膜与皮下组织贫血、黄染；肝、脾肿大变性，有出血点；胆囊肿大 2~4 倍；心内、外膜及浆、黏膜亦有出血点和出血表现；肾脏充血发炎；膀胱扩张，充满红色尿液。

（2）防治措施　治疗可用贝尼尔，按每千克体重 7~10 毫克，以蒸馏水配成溶液，肌内注射 1~2 次；阿卡普林，按每千克体重使用 5% 的水溶液 0.02 毫升，皮下或肌内注射。脉搏加快时，可将总量分 3 次注射，每 2 小时 1 次。必要时，24 小时后可重复用药。也可使用黄色素，每千克体重 3 毫克，配成 0.5%~1.0% 水溶液，静脉注射。注射时药物不可漏出血管外。注射后数天内须避免强烈阳光照射，以免灼伤。症状未见减轻时，间隔 24~48 小时再注射 1 次。治疗的同时应辅以强心、补液等措施，加强管理，以使患羊早日治愈。

在该病的流行地区，应于每年发病季节对羊群进行药物预防注射；同时，做好灭蜱工作，防止蜱叮咬传播疾病，对输入的羊，应经隔离检疫后再合群。

130. 什么是羊弓形虫病？病原是什么？

弓形虫病是由孢子虫纲的原生动物——龚地弓形虫所引起的一种人兽共患寄生虫病。

（1）病原　根据弓形虫的不同发育阶段，虫体分为 5 型。速殖子和包囊出现在中间宿主体内，裂殖体、配子体和卵囊则只出现在终末宿主的发育阶段。

（2）生活史　弓形体在发育过程中具有 2 个类型的宿主，在终末宿主猫及某些猫科动物体内进行等孢球虫相发育，在中间宿主体内进行弓形虫相发育。

猫吞食了弓形虫的包囊、假囊及已成熟的卵囊后，慢殖子、速殖子或子孢子进入消化道侵入上皮细胞，开始进行等孢球虫相的发育和繁殖。卵囊、包囊及速殖子经口或受损的皮肤、黏膜侵入中间宿主体内后，通过淋巴、血液循环进入有核细胞，在有核细胞的胞浆内主要以内出芽的方式进行繁殖，形成假囊，当宿主细胞被破坏后，释放出速殖子又进入新的有核细胞内继续繁殖。经过一定时间的繁殖后，转入神经、肌肉组织和一些脏器内形成包囊型虫体。

 ## 131. 怎样诊断和防治羊弓形虫病？

（1）诊断要点　大多数成年羊呈隐性感染，主要表现为妊娠羊常于正常分娩前 4~6 周出现流产，其他症状不明显。流产时，大约一半的胎膜有病变，绒毛叶呈暗红色，在绒毛中间有许多直径为 1~2 毫米的白色坏死灶。产出的死羔皮下水肿，体腔内有过多的液体，肠内充血，脑尤其是小脑前部有广泛性非炎症性小坏死点。此外，在流产组织内可发现弓形虫。

少数病例可出现神经系统和呼吸系统症状，表现呼吸困难，咳嗽，流泪，流涎，有鼻液，走路摇摆，运动失调，视力障碍，心跳加快，体温 41℃以上，呈稽留热，腹泻等。剖检可见，淋巴结肿大，边缘有小结节，肺表面有散在的小出血点，胸、腹腔有积液。此时，肝、肺、脾、淋巴结涂片检查可见弓形虫速殖子。

（2）防治措施　对急性病例可应用磺胺类药物，与抗菌增效剂联合使用效果更好，亦可考虑使用四环素族抗生素和螺旋霉素等。上述药物通常不能杀灭包囊内的慢殖子。常用药物如下。

① 磺胺嘧啶+甲氧苄胺嘧啶。前者每千克体重 70 毫克，后者按每千克体重 14 毫克，每日 2 次，口服，连用 3~4 天。

② 磺胺甲氧吡嗪+甲氧苄胺嘧啶。前者剂量为每千克体重 30 毫克，后者剂量为每千克体重 10 毫克，每日 1 次，口服。连用 3~4 天。

③ 磺胺-6-甲氧嘧啶。剂量按每千克体重 60~100 毫克；或配合甲氧苄胺嘧啶（每千克体重 14 毫克），每日 1 次，口服，连用 4 次。可迅速改善临床症状，并有效地阻抑速殖子在体内形成包囊。

预防该病，应做好羊舍卫生工作，定期消毒；饲草、饲料和饮水严禁病羊的排泄物污染；对羊的流产胎儿及其他排泄物要进行无害化处理，流产的场地亦应严格消毒；死于该病或疑为该病的羊尸，要严格处理，以防污染环境或被猫及其他动物吞食。

132. 羊脑脊髓丝虫病是怎样发生的？

羊脑脊髓丝虫病是由指形丝状线虫和唇乳突丝状线虫的晚期幼虫（童虫）迷路侵入山羊的脑或脊髓的硬膜下或实质中引起的疾病。病的特征是患羊后躯歪斜，行走困难，卧地不起，长褥疮，食欲下降，消瘦，贫血而死亡。

病原体为丝状科、丝状属的指形丝状线虫和唇乳突丝状线虫幼虫。

指形丝状线虫的微丝蚴，体长 249.3~400 微米，宽 8.4~9.0 微米，体态弯曲自然，多呈"S"形、"C"形或其他弯曲形，也有扭成 1 结或 2 结的，具有头隙，一般长大于宽。

成虫于牛腹腔内产出微丝蚴（胎生），微丝蚴进入宿主的血液中，半周期性地出现于末梢血液中，中间宿主蚊类吸血时进入蚊体，经 14 天左右发育成为感染性微丝蚴（第三期幼虫），长 2 300 微米，然后集中到蚊的胸肌和口器内，当带有此类虫体的蚊吸取山羊血液时，将感染性幼虫注入非固有宿主羊体内，可经淋巴（血液）侵入脑脊髓表面，发育为童虫，长 1.5~4.5 厘米，形态结构类似成虫。在其发育过程中引起脑脊髓丝虫病。

133. 怎样诊断和防治羊脑脊髓丝虫病？

（1）诊断要点

① 症状。急性型病例发病急骤，神经症状明显。山羊在放牧时突然倒地不起，眼球上翻，颈部肌肉强直或痉挛或颈部歪斜，呈兴奋、骚乱、空嚼及鸣叫等神经症状。此种急性抽搐过去后，如果将羊扶起，可见四肢强直，向两侧叉开，步态不稳，如醉酒状。当颈部痉挛严重时，病羊向斜侧转圈。

慢性型病例较多见，病初患羊无力，步态跟跄，多发生于一侧后肢，也有两后肢同时发生的。此时体温、呼吸、脉搏无变化，患羊可继续正常存活，但多遗留臀部歪斜及斜尾等症状；运动时容易跌倒，但可自行起立，继续前进，故病羊仍可随群放牧，母羊产奶量仍不降低。当病情加剧，两后肢完全麻痹，则患羊呈犬坐姿势，不能起立，但食欲精神仍正常。直至长期卧地，发生褥疮才食欲下降，逐渐消瘦，以致死亡。

② 病理变化。该病的病理变化，是随着丝虫幼虫逐渐进入脑脊髓发育为童虫的过程中引起的寄生性、出血性、液化坏死性脑脊髓炎，并有不同程度的浆液性、纤维素性脑脊髓膜炎而展开的。病变主要是在脑脊髓的硬膜、蛛网膜有浆液性、纤维素性炎症和胶样浸润灶，以及大小不等的呈红褐色、暗红色或绛红色的出血灶，在其附近有时可发现虫体。脑脊髓实质病变明显，以白质区为多，可见由于虫体引起的大小不等的斑点状、线条状的黄褐色破坏性病灶，以及形成大小不同的空洞和液化灶。膀胱黏膜增厚，充满絮状物的尿液，若膀胱麻痹则尿盐沉着，蓄积呈泥状。组织学检查，发病部的脑脊髓呈现非化脓性炎症，神经细胞变性，血管周围出血、水肿，并形成管套状变化。在脑脊髓神经组织的虫伤性液化坏死灶内，可见有大型色素性细胞，经铁染色，证实为吞噬细胞，这是该病的一个特征性变化。

（2）防治措施 应在早期诊断的基础上进行早期治疗，以免虫体侵害脑脊髓实质，造成不易恢复的虫伤性病灶。可使用海群生，每千克体重50毫克，口服，隔日1次，2~4次为一疗程；4%酒石酸锑钾静脉注射，按每千克体重8毫克计算，注射3~4次，隔日1次；对初发病羊（5天内的发病羊），使用左旋咪唑，按每千克体重8毫克，配成10%的溶液皮下注射，早、晚各1次，疗效100%。

在该病流行季节，对羊只以每3~4周用海群生、锑制剂或左旋咪唑的治疗剂量，普遍用药1次。搞好环境卫生是消灭蚊子最有效的预防方法。在蚊子飞翔季节常以杀蚊药物喷洒羊舍或烟熏。羊舍应建在高燥通风处，远离牛圈，应尽量防止羊与牛的接触。

134. 羊球虫病是如何发生的？

羊球虫病是由艾美尔科艾美尔属的球虫寄生于羊肠道所引起的一种原虫病，发病羊只呈现下痢、消瘦、贫血、发育不良等症状，严重者导致死亡，主要为害羔羊。

羊球虫具有宿主特异性，寄生于山羊和绵羊的一些球虫是形态相似的不同的种。山羊球虫病的病原体系艾美尔科艾美尔属的原虫。山羊艾美尔球虫属直接发育型，不需要中间宿主，须经过无性生殖、有性生殖和孢子生殖3个阶段。孢子化卵囊被羊吞食后，在胃液的作用下，子孢子逸出，迅速侵入肠道上皮细胞，进行多世代的无性生殖，形成裂殖体和裂殖子。

135. 怎样诊断和防治羊球虫病？

（1）诊断要点

① 流行病学。各种品种的绵羊、山羊对球虫均有易感性，但山羊感染率高于绵羊；1岁以下的感染率高于1岁以上的，成年羊一般都是带虫者。据调查，1~2月龄春羔的粪便中，常发现大量的球虫卵囊。流行季节多为春、夏、秋三季；感染率和强度依不同球虫种类及各地的气候条件而异。冬季气温低，不利于卵囊发育，很少发生感染。

该病的传染源是病羊和带虫山羊，卵囊随山羊粪便排至外界，污染牧草、饲料、饮水、用具和环境，经消化道使健康山羊获得感染。所有品种各种年龄的山羊对球虫均有易感性，但1~3月龄的羔羊发病率和死亡率较高，发病率几乎为100%，死亡率可高达60%以上。成年山羊感染率也相当高，也不乏每克粪便卵囊数很高的例子，但不发病或很少发病，这可能是一种年龄免疫现象，仅为带虫者，成为病原的主要传染来源。饲料和环境的突然改变，长途运输，断乳和恶劣的天气和饲养条件差都可引起山羊的抵抗力下降，导致球虫病的突然发生。

② 临床症状。潜伏期为 11~17 天。该病可能依感染的种类、感染强度、羊只的年龄、抵抗力及饲养管理条件等不同而发生急性或慢性过程。急性经过的病程为 2~7 天，慢性经过的病程可长达数周。病羊精神不振，食欲减退或废绝，体重下降，可视黏膜苍白，腹泻，粪便中常含有大量卵囊。体温高达 40~41℃，严重者可导致死亡，死亡率常达 10%~25%，有时可达 80% 以上。

病初山羊出现软便，粪不成形，但精神、食欲正常。3~5 天后开始下痢，粪便由粥样到水样，黄褐色或黑色，混有坏死黏液、血液及大量的球虫卵囊，食欲减退或废绝，渴欲增加。随之精神委顿，被毛粗乱，迅速消瘦，可视黏膜苍白，体温正常或稍高，急性经过 1 周左右，慢性病程长达数周，严重感染的最后衰竭而死，耐过的则长期生长发育不良。成年山羊多为隐性感染，临床上无异常表现。

③ 病理变化。呈混合感染的病羊内脏病变主要发生在肠道、肠系膜淋巴结、肝脏和胆囊等组织器官。小肠壁可见白色小点、平斑、突起斑和息肉，以及小肠壁增厚、充血、出血，局部有炎症，有大量的炎性细胞浸润，肠腺和肠绒毛上皮细胞坏死，绒毛断裂，黏膜脱落等。肠系膜淋巴结水肿，被膜下和小梁周围的淋巴窦和淋巴管的内皮细胞中有球虫的内生殖阶段的虫体寄生，局部有炎性细胞浸润，淋巴管扩张，伴有淋巴细胞和浆细胞渗出现象。肝脏可见轻度肿大、郁血，肝表面和实质有针尖大或粟粒大的黄白色斑点，胆管扩张，胆汁浓厚呈红褐色，内有大量块状物。胆囊壁水肿、增厚，整个胆囊壁有单核细胞浸润，固有层有小出血点，绒毛短粗，腺和绒毛上皮细胞有局部性坏死，有小裂殖体和配子体寄生。值得注意的是，胆汁中有球虫卵囊的病羊，多数的肝脏和胆囊无明显的病变。胆汁中卵囊数量也不一致，有的胆汁直接涂片检查即可见到，有的则要离心后检查沉淀物才可见到，因此，以往病羊胆汁中可能也有卵囊，只是被人们忽视了。

（2）防治措施 据报道，氨丙啉和磺胺对该病有一定的治疗效果。用药后，可迅速降低卵囊排出量，减轻症状。氨丙啉：每千克体重 50 毫克，每日 1 次，连服 4 天；磺胺二甲基嘧啶或磺胺六甲氧嘧啶：每千克体重每日 100 毫克，连用 3~4 天，效果好；盐霉素：按每天每千克体重 0.33~1.0 毫克混饲，连喂 2~3 天。

较好的饲养管理条件可大大降低球虫病的发病率，圈舍应保持清洁和干燥，饮水和饲料要卫生，注意尽量减少各种应激因素。放牧的羊群应定期更换草场，成年羊常常是球虫病的病源，因此最好能将羔羊和成年羊分开饲养。

136. 什么是羊无浆体病？

无浆体病是由无浆体引起的反刍动物的一种慢性和急性传染病，其特征为高热、贫血、消瘦、黄疸和胆囊肿大。该病广泛分布于世界热带和亚热带地区，在南北美洲、非洲、南欧、澳大利亚、中东等地流行。我国也有发生。山羊无浆体病曾称边虫病，是由羊无浆体引起的一种蜱媒传染病。其临床特点是发热、贫血、黄疸和消瘦，常与山羊泰勒焦虫等混合感染。1982 年和 1986 年，新疆和内蒙古曾先后发生羊无浆体病流行，绵羊和山羊的死亡率达 17%。

137. 羊无浆体病有什么流行特点？

黄牛是无浆体的特异宿主，水牛、野牛、骆驼、绵羊、山羊等可感染发病。幼畜的抵抗力较强。耐过感染的犊牛可成为带菌者。

该病的传播媒介主要是蜱，约 20 余种。多数是机械性传播。牛虻、厩蝇和蚊类等多种吸血昆虫及消毒不彻底的手术、注射器、针头等也可以机械性传播该病。

该病多发于高温季节。我国南方于 4—9 月多发，北方在 7 月以后多发。

病羊和带病原羊是该病主要的传染源。山羊和绵羊感染后，可长期带病原。该病不能通过动物间的直接接触传播。能传播该病的媒介昆虫主要是蜱类，如血蜱、革蜱、扇头蜱和钝缘蜱等。蚊等吸血昆虫也都有媒介作用。消毒不严的针头及外科器械，在断角、阉割、接种疫苗、采集血样时也能机械传播。除绵羊和山羊感染外，羚羊和野山羊也有易感性。通常山羊感染后呈隐性经过，若有严重应激可引起该病的暴发。该病多发生于夏秋季节，不同年龄、性别和品种的山羊均可感染。在热带、亚热带和部分温带地区较多发生。

138. 羊无浆体病有哪些临床症状和病理变化？

（1）临床症状　潜伏期为 20~30 天，最常见的症状是体温升高，精神沉郁，食欲减退，可视黏膜苍白，有些病例眼结膜轻度黄疸。病羊消瘦，产奶量

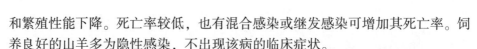
和繁殖性能下降。死亡率较低，也有混合感染或继发感染可增加其死亡率。饲养良好的山羊多为隐性感染，不出现该病的临床症状。

血液检查发现红细胞总数、血红素和血细胞压容积均减少。在染色的血片中，可见到许多红细胞中存在无浆体，感染后 20~60 天，即可辨认出这种微生物。

（2）病理变化　尸体消瘦，可视黏膜苍白或黄染，血液稀薄，皮下组织有胶样浸润。淋巴结肿大。心包积液，心内、外膜和冠状沟有出血斑点。脾肿大，质脆如泥。肝微肿、胆囊肿大，充满胆汁。肾黄褐色。真胃和肠道有卡他性炎症，有的咽喉水肿。病理组织学变化：主要表现肝小叶中心坏死，星细胞肿大，小叶间组织淋巴细胞浸润。淋巴结滤泡扩张，核萎缩。脾髓充血，肺和心肌水肿，轻度出血，淋巴细胞和嗜中性白细胞浸润。

139. 怎么对羊无浆体病作出诊断？

根据症状、剖检变化和血片检查即可作出临床诊断。

在病畜体表发现有传染媒介寄生，发热，贫血，黄疸，尿液清亮但常常起泡沫，对诊断具有重要意义。

血片用瑞特氏法或姬姆萨氏法染色，可在一些红细胞中发现单个存在的或多个无浆体，红细胞的侵袭率超过 0.5%，即可作出阳性诊断。

带菌动物可用补体结合试验、毛细管凝集试验、琼脂扩散试验和酶联免疫吸附试验检查。在野外，可应用卡片凝集试验，几分钟内即可得出结果。在进行血清学试验时，要考虑到无浆体种间由于存在共同抗原而出现的交叉反应。该病应与钩端螺旋体病以及焦虫病相鉴别。

140. 羊无浆体病的防治措施是什么？

灭蜱是防治该病的关键。经常用杀虫药消灭羊体表寄生的蜱。保持圈舍及周围环境的卫生，常作灭蜱处理，以防经饲草和用具将蜱带入圈舍。

引进羊只应作药物灭蜱处理。在该病常发区，有的国家用无浆体灭活苗或弱毒苗进行免疫接种，获得良好效果。

病羊应隔离治疗，加强护理。供给足够的饮水和饲料。每天喷药驱杀吸血昆虫。用四环素、金霉素或土霉素等药物治疗有效，而青霉素或链霉素则无效。

第八章　生态养羊常用药物及临床应用

 1. 如何正确使用阿苯达唑给羊驱虫?

阿苯达唑又名丙硫咪唑,具有广谱驱虫作用。阿苯达唑片用于畜禽线虫病、绦虫病和吸虫病。低剂量羊血矛线虫、奥斯特线虫、毛圆线虫、古柏线虫、细颈线虫、仰口线虫、夏伯特线虫、食道口线虫、毛首线虫及网尾线虫成虫及幼虫、莫尼茨绦虫成虫均有良好效果等;高限治疗量对多数胃肠线虫幼虫、网尾线虫未成熟虫体及肝片吸虫成虫也有明显驱除效果。

内服,1 次量,每千克体重,羊 10~15 毫克。休药期 7 天。

 2. 如何正确使用硝氯酚?

本品对羊片形吸虫成虫具有杀灭作用,对某些发育未成熟的片形吸虫也有效,但所用剂量需增加,临床上不安全。用于治疗羊肝片吸虫病。

内服,1 次量,每千克体重,羊 3~4 毫克。休药期 30 天。

过量用药动物可出现发热、呼吸急促和出汗,持续 2~3 天,偶见死亡。

治疗量对动物比较安全,过量引起的中毒症状(如发热、呼吸困难、窒息)可根据症状选用尼可刹米、毒毛花苷 K、维生素 C 等对症治疗,但禁用钙剂静注。

 3. 如何正确使用吡喹酮?

吡喹酮具有广谱抗血吸虫和抗绦虫作用。对各种绦虫的成虫具有极高的活性，对幼虫也具有良好的活性；对血吸虫有很好的驱杀作用。

主要用于治疗动物血吸虫病，也用于绦虫病和囊尾蚴病。如羊的莫尼茨绦虫、脑包虫、细颈囊尾蚴病、球点斯泰绦虫、无卵黄腺绦虫、胰阔盘吸虫和矛形歧腔吸虫等。

内服，1次量，每千克体重，羊10~35毫克。片剂，休药期30天。

 4. 如何正确使用5%盐酸左旋咪唑注射液？

盐酸左旋咪唑注射液是一种广谱抗线虫药，对绵羊大多数线虫具有活性。用于羊的胃肠道线虫、肺线虫的治疗。也可用于免疫功能低下动物的辅助治疗和提高疫苗的免疫效果。

皮下、肌内注射，1次量，每千克体重，羊7.5毫克。休药期7天。

禁用于静脉注射；泌乳期动物禁用；本品中毒时可用阿托品解毒和其他对症治疗。左旋咪唑不作为恶丝虫成虫杀虫剂。

 5. 如何正确使用5%氯氰碘柳胺钠注射液？

5%氯氰碘柳胺钠注射液的主要成分是氯氰碘柳胺钠，为淡黄色或黄色的澄明液体。主要用于防治羊肝片吸虫病和多数胃肠道线虫病，如血矛线虫、仰口线虫、食道口线虫等；亦可用于防治羊狂蝇蛆病等。

皮下或肌内注射，1次量，每千克体重，羊0.1~0.2毫升。休药期30天。

 6. 如何正确使用阿维菌素？

阿维菌素属于大环内酯类抗寄生虫药，对羊的血矛线虫、奥斯特线虫、古柏线虫、毛圆线虫（包括艾氏毛圆线虫）、圆形线虫、仰口线虫、细颈线虫、毛首线虫、食道口线虫、网尾线虫以及绵羊夏伯特线虫成虫、第四期幼虫驱除率97%。对节肢动物如蝇蛆和虱等亦很有效。对嚼虱和绵羊蜱蝇疗效稍差。对吸虫和绦虫无效。此外，阿维菌素作为杀虫剂，对水产和农业昆虫、螨虫以及火蚁等具有广谱活性。

阿维菌素粉。内服，1次量，每千克体重，羊0.3毫克，5天后重复用药1次。休药期15天。

乙酰氨基阿维菌素注射液。皮下注射，每10千克体重，羊0.2毫升（按阿维菌素 B_1 计算，每100毫升：1克）。每个皮下注射点，不宜超过10毫升。

阿苯达唑阿维菌素片。为白色或类白色片。抗寄生虫药。用于治疗羊线虫病、吸虫病、绦虫病及螨病。以阿维菌素计，内服，1次量，每10千克体重，羊1片（规格：每片0.153克，含阿维菌素3毫克、阿苯达唑0.15克）。

泌乳期禁用。

 ## 7. 如何正确使用伊维菌素？

伊维菌素有3种常用制剂：片剂、溶液和注射液。

伊维菌素片。为白色片剂，大环内酯类抗寄生虫药。用于防治羊线虫病、螨病和寄生性昆虫病。内服，1次量，每10千克体重，羊1片（规格：1片：2毫克）。乳羊泌乳期不得使用。

0.1%伊维菌素溶液。为无色的澄明液体，内服，1次量，每千克体重，羊0.2毫升（0.2%规格0.1毫升）。

伊维菌素注射液。皮下注射，每千克体重，羊0.04毫升（规格：按伊维菌素计，2毫升：10毫克）。

8. 养羊常用的青霉素类抗生素有哪些？ 如何规范选用？

β-内酰胺类抗生素是指化学结构中具有β-内酰胺环的一大类抗生素，包括临床最常用的青霉素、头孢菌素、β-内酰胺酶抑制剂。此类抗生素具有杀菌活性强、毒性低、适应症广及临床疗效好的优点。规模化生态养羊过程中，必须使用抗生素时要规范使用，尽量减量使用，直至不用。

（1）青霉素G　青霉素钾、钠由青霉菌等的培养液中分离而得，是青霉素G（一种不稳定的有机酸）与金属钠、钾离子结合而成的盐。

常作为治疗革兰氏阳性和阴性球菌、革兰氏阳性杆菌、放线菌、螺旋体等感染的首选药。对青霉素敏感的病原菌有链球菌、葡萄球菌、肺炎球菌、脑膜炎球菌、丹毒杆菌、化脓棒状杆菌、炭疽杆菌、破伤风梭菌、李氏杆菌、产气荚膜梭菌、牛放线杆菌和钩端螺旋体等。大多数革兰氏阴性杆菌、支原体对青霉素不敏感；对结核分枝杆菌、病毒、立克次氏体完全无作用；抗菌作用不受脓血及组织分解产物影响；仅对繁殖期细菌有作用，而对静止期无作用；哺乳动物细胞无细胞壁，故对动物毒性小。

主要用于青霉素敏感菌所引起的各种感染。革兰氏阳性球菌，如链球菌、葡萄球菌、乳房炎（每个乳室10万单位灌注）、子宫内膜炎、化脓性腹膜炎、关节腔内注入治疗关节炎和创伤感染；革兰氏阳性杆菌：炭疽、放线菌、肾盂肾炎、膀胱炎、恶性水肿等，钩端螺旋体病，梅毒螺旋体病等；还可内服用于治疗球虫病并发的肠道梭菌感染。治疗破伤风时宜与破伤风抗毒素合用。

注射用青霉素G钾（钠）临用前加灭菌注射用水适量使溶解，肌内注射。羊2万~3万单位/千克体重，2~3次/天，严重感染时可每4~6小时1次。

需要注意的是，青霉素G钠（钾）易溶于水，在水中β-内酰胺环易裂解为无活性的青霉酸和青霉噻唑酸，后者降低水溶液的pH值，进一步加强青霉素水解，水解率随温度升高而加速。因此注射液应在临用前新鲜配制。必需保存时，应置冰箱中，宜当天用完；掌握与其他药物的相互作用和配伍禁忌，以免影响青霉素的药效；青霉素G毒性虽低，但少数家畜可发生过敏反应，严重者出现过敏性休克。如不急救，常致死亡；青霉素G钾100万单位（0.625克）和青霉素G钠100万单位（0.6克）分别含钾离子1.5毫摩尔（0.066克）和钠离子1.7毫摩尔（0.039克），大剂量注射可能出现高钾血症和高钠血症，对肾功能减退或心功能不全病畜会产生不良后果。用大剂量青霉素钾静脉注射尤为禁忌；奶废弃3天。

（2）长效青霉素

① 注射用普鲁卡因青霉素（粉针）。肌内注射1次量，每千克体重：羊，2万~3万单位，1次/天，连用2~3天。

② 注射用苄星青霉素（长效西林）。肌内注射1次量，每千克体重：羊，3万~4万单位，必要时3~5天重复1次。

（3）苯唑青霉素（苯唑西林、新青霉素Ⅱ） 主要用于对青霉素耐药的金黄色葡萄球菌感染。注射用苯唑西林钠，内服或肌内注射，羊10~15毫克/千克体重，2~3次/天，连用2~3天。本品与氨基苷类抗生素稀释液混合两者药效均可减低。

（4）氯唑西林（邻氯青霉素） 主要对耐药金黄色葡萄球菌有很强的杀菌作用，常用于治疗动物的骨、皮肤和软组织的葡萄球菌感染，以及耐青霉素葡萄球菌感染，如羊乳房炎等。

氯唑西林钠胶囊内服 1 次量，羊 4~10 毫克/千克体重，2~3 次/天。

注射用邻氯青霉素钠，肌内注射剂量同胶囊内服量，牛乳管注入 0.2 克/乳室，每日或隔日 1 次。

（5）氨苄青霉素（氨苄西林）　为半合成耐酸（可内服）广谱青霉素。为白色粉末。对革兰氏阳性菌和革兰氏阴性菌均有效，与庆大霉素、卡那霉素、链霉素合用（因能作用于细菌胞壁使药物能渗透进入细菌内部产生药效）有协同抗菌作用。但对耐青霉素的细菌无效。

本品对胃酸稳定，其钠盐内服吸收良好。鸡按 50 毫克/千克体重 1 次内服，1 小时血中达峰浓度，有效血药浓度维持 5~6 小时。猪按 10 毫克/千克体重肌内注射，吸收迅速，13 分钟血中达峰浓度 12.06 微克/毫升；注射用氨苄西林钠，肌内注射 1 次量，猪、羊、牛、马 10~20 毫克/千克体重，2 次/天，连用 2~3 天；氨苄西林钠可溶性粉，家禽混饮，1 升水加 600 毫克（以氨苄西林钠计）；海他西林（缩酮氨苄西林），是由氨苄西林与丙酮反应而得，内服血药峰浓度比氨苄西林高，适用于配制畜禽饮用剂。海他西林钾，稀释后乳管注入治疗奶山羊乳房炎；注射用舒巴西林（优立新），为氨苄西林 0.5 克+舒巴坦 0.25 克的混合物。

（6）羟氨苄青霉素（阿莫西林）　为耐酸（可内服）、广谱、半合成青霉素，生物利用度比氨苄西林高 2 倍。用于其敏感细菌（巴氏杆菌、金黄色葡萄球菌、链球菌、大肠杆菌、嗜血杆菌等）引起的呼吸道、肠道、泌尿道、乳腺和其他软组织感染的治疗。细菌对本品和氨苄青霉素有完全的交叉耐药性。

①阿莫西林粉针，肌内注射，羊 5~10 毫克/千克体重，1 次/天。

克拉西林，为阿莫西林合用克拉维酸钾（棒酸钾）可溶性粉（1:0.2），按 1 升水加 0.5 克浓度混饮。

②注射用克拉西林（阿莫西林 1 克，克拉维酸钾 0.2 克），皮下或肌内注射，1 次量（以阿莫西林计），家畜 10~15 毫克/千克体重，2 次/天。

（7）羧苄青霉素（羧苄西林，卡比西林）　主用于绿脓杆菌引起的严重感染，对变形杆菌和大肠杆菌有较好的抗菌作用，对耐青霉素的金黄色葡萄球菌无效。

肌内注射 1 次量：家畜 10~20 毫克/千克体重。静脉注射治疗绿脓杆菌感染用量须比肌内注射加大 2.5~5 倍。

9. 如何规范使用头孢菌素类药物？

头孢菌素具有杀菌力强、抗菌谱广（尤其是第三代、第四代），主要用于耐药金黄色葡萄球菌及某些革兰阴性杆菌如大肠杆菌、沙门氏菌、痢疾杆菌、巴氏杆菌等引起的消化道、呼吸道、泌尿生殖道感染等。过敏反应主要是皮疹。对革兰氏阳性菌引起的疾病，使用第一代强于第二代、第三代、第四代。常用头孢菌素类药物如下。

（1）头孢氨苄（第一代，先锋霉素Ⅳ）　内服，1千克体重，羊35～50毫克。

（2）头孢曲松钠，抗菌药物　肌注：50～100毫克/千克体重，与林可霉素有配伍禁忌。

（3）头孢唑啉钠（第一代，先锋霉素Ⅴ）注射液　静脉或肌内注射，1千克体重，羊50～100毫克。

（4）头孢噻呋钠（第三代）注射液　肌内注射或静脉注射：按（头孢噻呋）计算，1次量每千克体重羊3～5毫克。1日1次，连用2～3天。静脉注射，用灭菌生理盐水或5%葡萄糖注射液稀释。乳房灌注：按每乳池200～250毫克（5～10毫升）使用，每日1次，连用2～3日。

（5）硫酸头孢喹肟（第四代）注射液　主要用于治疗敏感菌引起的羊呼吸道感染、腐蹄病、子宫炎、乳房炎，大肠杆菌引起的败血病等。肌内注射，1次量，每千克体重，羊0.08～0.12毫升，1日1次，连用3～5日。孕羊可用。

头孢菌素类抗生素与青霉素偶尔有交叉过敏反应。肌内注射给药时对局部有刺激作用，对肾功能不良的动物用药剂量应注意调整。

 10. 临床上常用的氨基糖苷类药物有哪些？如何规范使用？

（1）注射用硫酸链霉素　主要成分硫酸链霉素，为白色或类白色的粉末。对结核杆菌和多种革兰氏阴性杆菌，如大肠杆菌、沙门氏菌、布鲁氏菌、巴氏杆菌、志贺氏痢疾杆菌、鼻疽杆菌等有抗菌作用。对金黄色葡萄球菌等多数革兰氏阳性球菌的作用差。链球菌、铜绿假单胞菌和厌氧菌对本品固有耐药。

可用于治疗各种敏感菌引起的急性感染，如呼吸道感染（肺炎、咽喉炎、支气管炎）、泌尿道感染、钩端螺旋体病、肠炎、乳腺炎等。

肌内注射，1 次量，每千克体重，羊 10~15 毫克，1 日 2 次，连用 2~3 日。

氨基糖苷类能诱导神经肌肉传导阻滞作用，静注或腹腔内注射时最容易发生，大剂量肌注亦常出现。急性中毒表现为呼吸抑制、肢体麻痹、全身无力等症状。严重者肌内注射新斯的明或静脉注射氯化钙可缓解。

休药期，羊 18 日；弃奶期 72 小时。

（2）硫酸庆大霉素注射液 本品为无色或几乎无色的澄明液体，对多种革兰氏阴性菌（如大肠杆菌、克雷伯氏菌、变形杆菌、铜绿假单胞菌、巴氏杆菌、沙门氏菌等）和金黄色葡萄球菌（包括产 β-内酰胺酶菌株）均有抗菌作用。多数链球菌（化脓链球菌、肺炎球菌、粪链球菌等）、厌氧菌（类杆菌属或梭状芽孢杆菌属）、结核杆菌、立克次化体和真菌对本品耐药。

庆大霉素与 β-内酰胺类抗生素合用，通常对多种革兰氏阴性菌，包括铜绿假单胞菌等有协同作用。对革兰氏阳性菌如马红球菌、李斯特菌等也有协同作用。与四环素、红霉素等合用可能出现拮抗作用。与头孢菌素合用可能使肾毒性增强。与青霉素类或头孢菌素类合用有协同作用。本类药物在碱性环境中抗菌作用增强，与碱性药物（如碳酸氢钠、氨茶碱等）合用可增强抗菌效力，但毒性也相应增强。当 pH 值超过 8.4 时，抗菌作用反而减弱。与头孢菌素、右旋糖酐、强效利尿药（如呋塞米等）、红霉素等合用，可增强本类药物的耳毒性。骨骼肌松弛药（如氯化琥珀胆碱等）或具有此种作用的药物可加强本类药物的神经肌肉阻滞作用。

用于治疗敏感的革兰氏阴性和阳性菌感染，如败血症、泌尿生殖道感染、呼吸道感染、胃肠道感染、腹膜炎、胆道感染、乳腺炎及皮肤和软组织感染以及传染性鼻炎等。

肌内注射，1 次量，每千克体重，羊 2~4 毫克。1 日 2 次，连用 2~3 日。

休药期，羊 40 日（暂定）。

（3）卡那霉素 内服吸收不良，肌内注射吸收迅速且完全。作用、抗菌谱与链霉素相似，但抗菌活性稍强，主要用于治疗多数革兰氏阴性杆菌和部分耐青霉素金黄色葡萄球菌所引起的感染，如呼吸道、肠道和泌尿生殖道感染、乳腺炎等。对绿脓杆菌感染无效。不良反应与链霉素相似。肌内注射，羊，每千克体重 10~15 毫克，每天 2 次，连用 2~3 天。

（4）阿米卡星（丁胺卡那霉素）　内服吸收不良，肌内注射吸收迅速且完全。作用、抗菌谱与庆大霉素相似。其特点是对庆大霉素、卡那霉素耐药的绿脓杆菌、大肠杆菌、变形杆菌、克雷伯氏菌等有效。不良反应与链霉素相似。肌内注射，羊，每千克体重5~7.5毫克，每天2次，连用2~3天。

（5）安普霉素　用于格兰阴性菌（如大肠杆菌、沙门氏菌、变形杆菌、克雷伯氏菌等）、革兰氏阳性菌（某些链球菌）、短螺旋体和某些支原体引起的感染治疗。内服吸收差，肌内注射后吸收迅速，羊每千克体重20~40毫克，每天1次，连用5天。

11. 常用四环素类抗生素有哪些？如何规范使用？

（1）土霉素　为广谱抗生素，对葡萄球菌、溶血性链球菌、炭疽杆菌、破伤风梭菌和梭状芽孢杆菌等革兰氏阳性菌作用较强，但不如 β-内酰胺类。对大肠杆菌、沙门氏菌、布鲁氏菌和巴氏杆菌等革兰氏阴性菌较敏感，但不如氨基糖苷类和酰胺醇类抗生素。本品对立克次氏体、衣原体、支原体、螺旋体、放线菌和某些原虫也有抑制作用。

与泰乐菌素等大环内酯类合用呈协同作用；与黏菌素合用，由于增强细菌对本类药物的吸收而呈协同作用。本类药物均能与二、三价阳离子等形成复合物，因而当它们与钙、镁、铝等抗酸药、含铁的药物或牛奶等食物同服时会减少其吸收，造成血药浓度降低。与碳酸氢钠同服时，碳酸氢钠可使胃液 pH 值升高，使土霉素溶解度降低，吸收率下降，肾小管重吸收减少，排泄加快。与利尿药合用可使血尿素氮升高。

用于治疗革兰氏阳性、阴性菌和支原体等感染。本品可用于治疗大肠杆菌或沙门氏菌引起的羔羊痢疾等。对血孢子虫感染的泰勒焦虫病、放线菌病、钩端螺旋体病等也有一定疗效。

内服，1 次量，每千克体重，羔 10~25 毫克，1 日 2~3 次，连用 3~5 日。长效土霉素可肌注，成年羊不宜内服。长期服用可诱发二重感染。肝、肾功能严重不良的患畜禁用本品。避免与乳制品和含钙量较高的饲料同服。

长效土霉素注射液用于治疗畜禽由革兰氏阳性菌、阴性菌、支原体、钩端螺旋体、立克次氏体（如附红细胞体）及衣原体等引起的感染。

用于治疗羔羊大肠杆菌、羔羊痢疾引起的疾病，也可用于治疗羊产前产后感染、乳房炎、子宫炎、球虫病等各种病症及其混合感染。肌内注射，1 次量，每千克体重，羊 0.1~0.2 毫升，1 日 1 次。一般注射 1 次即可，病情严重的隔 2~3 日再注射 1 次。

休药期，羊 7 日；弃奶期 72 小时。

（2）多西环素（强力霉素）　由土霉素 6-位上脱氧而制成的半合成四环素类抗生素，淡黄色或黄色结晶性粉末；无臭，味苦。抗菌谱基本同土霉素。抗菌活性略强于土霉素和四环素。用于防治巴氏杆菌病、布氏杆菌病、炭疽及大肠杆菌和沙门氏菌感染、

内服 1 次量，每千克体重，羊羔 3~5 毫克，1 日 1 次，连用 3~5 日。

成年羊不宜内服四环素类，因易引起消化紊乱，导致减食、腹胀、下痢及维生素 B、维生素 K 缺乏等症状。长期应用可诱发耐药细菌和真菌的二重感染，严重者引起败血症而死亡。马有时在注射后亦可发生胃肠炎，宜慎用。

奶山羊产奶期禁用。

12. 常用大环内酯类抗生素有哪些？如何规范使用？

（1）红霉素　内服吸收好，抗菌谱与青霉素相似，用于治疗革兰氏阳性菌，如金黄色葡萄球菌、链球菌、肺炎球菌、炭疽杆菌、棒状杆菌等引起的感染；对某些革兰氏阴性菌感染如巴氏杆菌病、布鲁氏菌病作用较弱。对大肠杆菌、克雷伯氏菌、沙门氏菌感染无效。也可用于支原体、立克次氏体和螺旋体感染的治疗。主要用于对青霉素耐药的金黄色葡萄球菌感染和对青霉素过敏的病例。

静脉注射或深部肌内注射，羊，每千克体重 3~5 毫克，每天 2 次，连用 2~3 天。

红霉素刺激性强，宜采用深部肌内注射。静脉注射速度应缓慢并避免漏出血管。

（2）泰乐菌素　亦称泰乐霉素，为一种白色板状结晶，微溶于水，呈碱性。产品有酒石酸盐、磷酸盐、盐酸盐、硫酸盐及乳酸盐。其水溶液中含有铁、铜等金属离子时，会使本品失效。

泰乐菌素具有显著的抗支原体（霉形体）作用，对肺炎支原体及其他多种支原体有很强的抑制作用，为畜禽支原体感染性疾病的首选药物；抗菌谱较广，主要对多种革兰氏阳性菌有很强的抑制作用，还对部分革兰氏阴性菌、弯杆菌、螺旋体有抑制作用以及抗球虫作用；吸收和排泄迅速，无论口服或注

射，均能在很短时间内达到有效抑菌浓度并保持一定时间，停药后迅速排出体外，在组织内几乎无残留；具有良好的扩散能力，可渗透入所有器官、组织和体液，尤其是能通过浆膜、血脑、血眼和血睾屏障，这就使得泰乐菌素的临床应用范围很广。此外，泰乐菌素是畜禽专用抗生素，避免了人畜共用抗生素易发生的交叉耐药性问题。

酒石酸泰乐菌素胃肠道吸收良好，主要在肠道吸收。磷酸泰乐菌素口服吸收较少。皮下或肌内注射吸收迅速。用于支原体及 G⁺菌，主要用于防治猪支原体病，如支原体肺炎和支原体关节炎（对敏感菌并发的支原体感染尤为有效）以及敏感革兰氏阳性菌引起的感染性疾病，如肠炎、肺炎、乳腺炎、子宫炎等。

泰乐菌素注射液，肌注：1 次量，每千克体重 10 毫克，2 次/天，症状消失后继续给药 1 天，每个注射点不超过 5 次。

注射用酒石酸泰乐菌素，皮下注射或肌注：每千克体重 10 毫克，2 次/天，连用 5 天。

（3）螺旋霉素 抗菌谱与红霉素相似，但效力比红霉素差。与红霉素、泰乐菌素之间有部分交叉耐药性。主要用于防治葡萄球菌感染和支原体病。

内服，羊，每千克体重 20~100 毫克。每天 1 次，连用 3~5 天。肌内或皮下注射，羊，每千克体重 10~50 毫克。每天 1 次，连用 3~5 天。

 ## 13. 磺胺类药物有哪些作用？

磺胺类药物具有较广的抗菌谱，而且疗效确切、性质稳定、使用简便、价格便宜，又便于长期保存，目前仍是仅次于抗生素的化学合成抗菌药物，特别是高效、长效、广谱的新型磺胺和抗菌增效剂合成以后，使磺胺类药物的临床应用有了新的广阔前途。

磺胺类药物能抑制革兰氏阳性菌及一些阴性菌。对其高度敏感的细菌有：链球菌、肺炎球菌、沙门氏菌、化脓棒状杆菌、大肠杆菌。对葡萄球菌、肺炎杆菌、巴氏杆菌、炭疽杆菌、志贺氏杆菌、亚利桑那菌等有抑制作用，对危害家禽的某些原虫也有作用。

磺胺类药主要作用是抑制细菌的繁殖，因有些细菌生长时，需利用对氨基苯甲酸。氨基苯甲酸和二氢喋啶在二氢叶酸合成酶的作用下，合成二氢叶酸；二氢叶酸在二氢叶酸还原酶的作用下，又生成四氢叶酸；四氢叶酸再进一步形成活化型四氢叶酸，也就是辅酶 F，它能传递一碳基团参与嘌呤、嘧啶核苷酸合成。由于磺胺类药的化学结构与氨基苯甲酸很像，可与氨基苯甲酸竞争二氢叶酸合成酶，妨碍二氢叶酸的形成，最终影响细菌核蛋白的合成，从而抑制细菌的生长繁殖。

对磺胺类药敏感的细菌，在体内外均能获得耐药性，而且对一种磺胺产生耐药性后，对其他磺胺也往往产生交叉耐药性，但耐磺胺类药的细菌对其他抗菌药物仍然敏感。

磺胺药对大部分革兰氏阳性细菌、一部分革兰氏阴性细菌有抑制作用。

（1）根据疾病性质选用不同类型的磺胺类药物

全身感染性疾病：如败血症，应选用肠道易吸收的药物，如复方新诺明、磺胺嘧啶等。

肠道感染：如肠炎、腹泻病，应选用肠道不易吸收的药物，如磺胺脒等。

局部感染：如烧伤等，应选用外用磺胺药物，如消炎粉、烧伤宁等。

寄生虫感染：如球虫、住白细胞原虫感染，应选用磺胺二甲基嘧啶。

（2）根据磺胺类药物的性质确定用药时间和剂量

磺胺类药物的用量分为突击用量、维持用量。所有突击用量即首次或第一天用量在安全范围内剂量加倍，然后改为维持用量即正常用量磺胺类药物的配合应用和小苏打（碳酸氢钠）合用：磺胺类药物在酸性环境中容易析出结晶，如果单纯使用磺胺药物，经肾排泄时，容易析出磺胺结晶，堵塞输尿管，所以在使用时应和小苏打合用，防止结晶出现。另外，当发生肾功能减退，全身酸中毒时应慎用或禁用磺胺类药物。

和增效剂合用：磺胺类药物和增效剂（如 TMP）合用（5∶1），抗菌作用比单纯使用时增加 10 倍。

和维生素 K、B 族维生素合用：磺胺类药物在使用时，影响肠道对维生素 K、B 族维生素的吸收，所以使用磺胺药物时，饲料中应加入维生素 K、B 族维生素。

注意磺胺类药物使用期限，以防蓄积中毒。磺胺药物在使用时要求剂量准确，拌量均匀，疗程为 3~5 天，不宜超过 7 天。因为长期大剂量使用易造成蓄积中毒。

（3）磺胺类药物使用注意事项

用疫苗前后 3 天不得用此类药物，因为磺胺类药物能够抑制抗原活性，使免疫效果下降。

磺胺类药物在外用时，如关节脓肿，应彻底清除创面的脓汁、黏液及坏死组织，因为这些物质含有大量的对氨苯甲酸，影响磺胺药物疗效。

磺胺药有导致畸形胎的作用，所以妊娠后期禁用。

注意配伍禁忌：液体类磺胺药物如磺胺嘧啶钠注射液，不易与酸性药物，如 B 族维生素、维生素 C、青霉素、四环素、盐酸麻黄碱等合用，否则析出磺胺沉淀。遇普鲁卡因疗效减弱，甚至失效，遇氧化钙、氯化铵会增加对泌尿系统毒性。

使用磺胺药要严格控制剂量，用药不超过 7 天，并同时供应充足饮水；使用磺胺复方制剂，以减少用药剂量，避免中毒，拌料时要搅拌均匀。一旦发生磺胺药中毒立即停药，供应足够饮水，可同时服用 1%~3% 碳酸氢钠溶液、在饲料中添加维生素 C 和维生素 K；发生中毒则使用肾肿康或其他肾脏解毒药。

14. 临床上常用的磺胺类药物有哪些？如何规范使用？

临床上常用的磺胺类药物主要有：用于全身感染的有磺胺嘧啶、磺胺甲基嘧啶、磺胺噻唑、磺胺甲氧嗪、磺胺-5-甲氧嘧啶、磺胺-6-甲氧嘧啶等；磺胺脒主要应用于消化道感染；磺胺、磺胺苄胺主要供创伤感染撒布使用。首次剂量较维持量大 1 倍。使用磺胺类药物时应使病羊多饮水，以减少对泌尿道的副作用。

（1）磺胺嘧啶钠　为无色至微黄色的澄明液体；遇光易变质。属广谱抑菌剂，对大多数革兰氏阳性菌和部分革兰氏阴性菌有效。主要用于治疗家畜敏感菌引起的消化道、呼吸道感染及乳腺炎、子宫内膜炎等疾病，如大肠杆菌、沙门氏菌引起的腹泻。

静脉注射，1 次量，每千克体重，羊 0.05~0.1 克，1 日 1~2 次，连用 2~3 日。

磺胺嘧啶或其代谢物可在尿液中产生沉淀，在高剂量和长期给药时更易产生结晶，引起结晶尿、血尿或肾小管堵塞。磺胺注射液为强碱性溶液，肌内注射对组织有强刺激性。

急性中毒多发生于静脉注射时，速度过快或剂量过大。主要表现为神经兴奋、共济失调、肌无力、呕吐、昏迷、厌食和腹泻等。山羊还可见到视觉障碍、散瞳。

本品遇酸类可析出结晶，故不宜用 5% 葡萄糖液稀释；长期或大剂量应用易引起结晶尿，应同时应用碳酸氢钠，并给患畜大量饮水；若出现过敏反应或其他严重不良反应时，立即停药，并给予对症治疗。休药期，羊 18 日；弃奶期 72 小时。

（2）磺胺噻唑钠、磺胺二甲基嘧啶钠　与磺胺嘧啶钠作用基本相似。每日给药 1 或 2 次。片剂、粉剂内服，首次量 50~100 毫克/千克体重、维持量 70 克/千克体重。其 20%~25% 的钠盐注射液可供肌内及静脉注射，1 次量，每千克体重，羊 50~100 毫克，1 日 1~2 次，连用 2~3 日。

（3）磺胺噻唑、磺胺嘧啶、磺胺二甲嘧啶　内服，首次量每千克体重 140~200 毫克，维持量 70~100 毫克，1 日 1~2 次，连用 3~5 日。

（4）磺胺甲噁唑、磺胺对甲氧嘧啶、磺胺间甲氧嘧啶　内服，首次量每千克体重 50~100 毫克，维持量 25~50 毫克，1 日 1~2 次，连用 3~5 日。

其中，磺胺甲噁唑（新诺明），为白色片，对革兰氏阳性菌和阴性菌如化脓性链球菌、沙门氏菌和肺炎杆菌等均有良好的抗菌作用。本品内服易吸收，但吸收较慢，在胃肠道和尿中的排泄较慢。故血中有效浓度维持时间较长。血浆蛋白结合率较低，乙酰化率高（山羊为 50%~70%）。由于乙酰化率高，且溶解度低，较易出现结晶尿和血尿等不良反应。

用于治疗敏感细菌引起的呼吸道、消化道、泌尿道等感染。

磺胺或其代谢物可在尿液中产生沉淀，在高剂量和长期给药时更易产生结晶，引起结晶尿、血尿或肾小管堵塞，应给患畜大量饮水；大剂量、长期应用时宜同时给予等量的碳酸氢钠；肾功能受损时，排泄缓慢，应慎用；可引起肠道菌群失调，长期用药可引起 B 族维生素和维生素 K 的合成和吸收减少，宜补充相应的维生素；注意交叉过敏反应。在家畜出现过敏反应时，立即停药并给予对症治疗。休药期，羊 28 日（暂定）。

（5）磺胺间甲氧嘧啶钠注射液　静脉或肌内注射，每千克体重 50 毫克，一日 1~2 次，连用 3~5 日。

（6）磺胺氯吡嗪钠可溶性粉　用于治疗羊球虫病。内服，每千克体重 1.2 毫升（配成 10% 水溶液），连用 3~5 日。

（7）磺胺甲氧嘧啶　又叫大灭痛制菌磺，适用于各种敏感菌引起的全身或局部感染。片剂内服，首次量 0.1 克/千克体重，维持量 0.1 毫克/千克体重，每日 2 或 3 次。

（8）磺胺甲氧嗪　又叫长效磺胺，适用于全身感染，体内作用维持时间长，可每日给药 3 次。内服首次量 0.1 克/千克体重，维持量 5 毫克/千克体重，每日 3 次；针剂供注射用，每千克体重 5 毫克，每日 3 次。

（9）磺胺甲氧嘧啶　又叫消炎磺。内服吸收迅速完全，适用于呼吸道、泌尿道、生殖道及皮肤感染。与甲氧苄胺嘧啶合用可提高疗效。片剂内服，首次量 0.1 克/千克体重，维持量 70 毫克/千克体重，每日 5 次。增效针剂供肌内注射 70 毫克/千克体重，每日 2 或 3 次。

（10）磺胺　又叫氨苄磺胺。临床上主要外用于局部和创伤感染。制剂为磺胺结晶粉外用消炎粉，专供创伤撒布用。

（11）磺胺苄胺　又叫甲磺灭脓。适用于创伤感染和烧伤创面的绿脓杆菌感染。制剂有粉剂供撒布用；软膏供涂敷用；溶液剂供湿敷用。

（12）甲氧苄胺嘧啶　是一种抗菌增效剂。与磺胺药合用可提高磺胺药抗菌效力数倍至数十倍，故又叫抗菌增效剂。可用磺胺药、四环素、庆大霉素合用于治疗呼吸道、泌尿道、消化道感染以及败血症、乳腺炎、创伤、术后感染等。与磺胺药合用时一般按甲氧苄胺嘧啶 3 份、磺胺药 2 份）的比例配合。片剂供内服，针剂供肌内注射。用量为 2 毫克/千克体重，每日 2 或 3 次。

15. 临床上常用的喹诺酮类药物有哪些？如何规范使用？

兽医临床常用的喹诺酮类化学合成抗菌药主要有恩诺沙星、环丙沙星等。需要特别注意的是，我国已于 2015 年禁止洛美沙星、培氟沙星、氧氟沙星、诺氟沙星等 4 种人兽共用抗菌药物用于食品动物。

（1）恩诺沙星　为动物专用的杀菌性广谱抗菌药物。对支原体感染有特效。也可用于大肠杆菌、沙门氏菌、克雷伯氏杆菌、布鲁氏菌、巴氏杆菌、胸膜放线菌、变形杆菌、黏质沙雷氏菌、化脓性棒状杆菌、败血波特氏杆菌、金黄色葡萄球菌、衣原体等感染，均有良好作用。

内服、肌内注射吸收迅速，较完全。反刍前羔羊，内服，每千克体重 2.5~5 毫克；肌内注射，1 次量，每千克体重，羊 2.5 毫克。1 日 1~2 次，连用 2~3 日。

（2）环丙沙星　乳酸环丙沙星属于动物专用的广谱杀菌药。对大多数革兰氏阴性菌和球菌有很好的抗菌活性，包括铜绿假单胞菌、克雷伯氏杆菌属、大肠杆菌、肠杆菌属、弯曲菌属、志贺氏菌属、沙门菌属、气单胞菌属、变形杆菌属、嗜血杆菌属、耶尔森菌属、沙雷菌属、弧菌属。而布鲁氏杆菌属、沙眼衣原体、葡萄球菌（包括产青霉素酶和耐甲氧西林耐药菌）、支原体、分枝杆菌属也对其敏感。对厌氧菌有微弱的抗菌活性，对厌氧菌感染无效。本品对革兰氏阴性菌的作用明显优于该类其他品种，尤其对铜绿假单胞菌的体外抗菌活性最强。

主要用于细菌和支原体感染，如慢性呼吸道病、大肠杆菌病、传染性鼻炎等。

0.5%兽用乳酸环丙沙星注射液，按本品计算肌内注射，1次量每千克体重，羊0.125毫升（按环丙沙星计算2.5毫克）；静脉注射，羊0.1毫升（按环丙沙星计算2毫克），1日2次。

弃奶期84小时。

 ## 16. 临床上常用的健胃药有哪些？

（1）苦味健胃药 作用于舌味觉感受器，通过神经反射促进胃液与唾液的分泌，加强消化，提高食欲。适用于治疗消化不良、食欲不振、前胃迟缓、瘤胃积食等。常用的如下。

①龙胆酊。内服，1次量，羊5~15毫升。

②马钱子酊。内服，1次量，羊1~2.5毫升。

③马钱子流浸膏。内服，1次量，羊0.1~0.25毫升。连续用药不超过1周。

④大黄酊。内服，一次量，羊10~25毫升。

应用时注意，苦味健胃药必须经口给药，让药物接触口腔味觉感受器才能发挥作用，不能用胃管投药；给药时间要合理，一般建议最好在饲前5~30分钟给药；一种苦味健胃药不宜长期反复使用，应与其他健胃药交替使用，以防药效降低；用量不宜过大，过量服用反而会起反作用，从而抑制胃液分泌。

（2）芳香性健胃药 具有健胃、制酵、祛风、祛痰作用。适用于消化不良、食欲不振、积食气涨、前胃迟缓等。常用的如下。

①陈皮酊。内服，1次量，羊10~20毫升。

②桂皮粉。内服，1次量，羊3~9克。

③桂皮酊。内服，1次量，羊10~20毫升。

④豆蔻粉。内服，1次量，羊3~6克。

⑤复方豆蔻酊。内服，1次量，羊10~20毫升。

⑥姜流浸膏。内服，1次量，羊3~10克。

⑦大蒜酊。内服，1次量，羊15~30克。

桂皮及其制剂孕羊慎用，姜及其制剂孕畜禁用。

（3）盐类健胃药　主要是人工盐。内服小量人工盐可增加胃肠分泌、蠕动，促进物质消化吸收。内服大量人工盐，并大量饮水，有缓泻作用。常配合制酵药应用于便秘初期。禁与酸性物质或酸类健胃药、胃蛋白酶等药物配合使用。

①健胃。内服，1次量，羊 10~30 克。

②缓泻。内服，1次量，羊 50~100 克。

17. 临床上常用的助消化药有哪些？

（1）稀盐酸　主要用于因胃酸缺乏所引起的消化不良、胃内发酵、食欲不振、前胃迟缓、碱中毒等。忌与碱类、有机酸盐类等配伍。用量不宜过大，否则食糜酸度过高，会反射地引起幽门括约肌痉挛性收缩，影响胃内排空，并产生腹痛。

内服，羊 1 次量 2~5 毫升。临用前加水 50 倍稀释成 0.2% 左右的溶液。

（2）稀醋酸（5.5%~6.5%）　用于胃扩张、瘤胃臌胀等。忌与苯甲酸盐、水杨酸盐、碳酸盐、碱类等配伍。内服，1 次量，羊 2~10 毫升。临用前加水稀释到 0.5% 左右的醋酸溶液。

（3）乳酸　多用于幼龄动物消化不良，羊前胃迟缓，也可外用（1% 溶液冲洗阴道，治疗滴虫病）。禁与氧化剂、氢碘酸、蛋白质液及重金属盐配伍。内服，1 次量，羊 0.5~3 毫升。用前加水稀释呈 2% 溶液。

（4）胃蛋白酶　常用于胃液分泌不足及幼龄动物胃蛋白酶缺乏引起的消化不良。

18. 什么叫瘤胃兴奋药？常用的瘤胃兴奋药有哪些？

所谓瘤胃兴奋药，又称反刍兴奋药、促进反刍药，系指能加强瘤胃平滑肌收缩、促进瘤胃运动、兴奋反刍，从而消除积食和气胀的药物。

反刍动物消化生理的主要特征是在瘤胃内进行发酵性消化或微生物消化。当饲料品质不良或突变、饲养管理失查、长途运输或某些疾病过程中，都可能出现瘤胃运动减弱、反刍活动减弱或停止，导致前胃迟缓、瘤胃积食、瘤胃臌胀等症状，此时，除了消除病因、加强饲养管理外，必须配合应用瘤胃兴奋药。常用瘤胃兴奋药如下。

（1）10%氯化钠溶液（浓氯化钠注射液） 本品为高渗溶液，静注能增高血液的渗透压，使组织中的水分进入血液中。这样，既有利于组织的新陈代谢，又可增加血容量，旺盛血液循环，从而改善许多器官的机能活动，对机能异常的器官尤为显著。故常用于前胃迟缓、瘤胃积食等。

本品作用缓和，疗效良好，一般在用药后 2~4 小时作用最强，经 12~24 小时作用才逐渐消失。副作用少，临床上比较多用。静脉注射，1 次量，每千克体重，羊 0.1 克。需要注意，静脉注射时不能稀释、速度宜慢，不可漏出血管外；心率衰竭和肾功能不全患羊慎用；使用前应详细检查，如瓶盖松动、有异物和药液混浊时，切勿使用。

（2）拟胆碱药 拟胆碱药如氨甲酰胆碱、毛果芸香碱、新斯的明等，小剂量应用，可兴奋胃肠，常用于前胃迟缓、瘤胃积食、反刍减弱等。羊前胃迟缓、反刍停止，是兽医临床上比较常见的病症。但引起上述病症的原因是多方面的，因此，在治疗时必须分析病因，采用综合治疗措施。在一般情况下，先选用毒性较小的浓氯化钠注射液，而在其他药物治疗无效时才选用拟胆碱药。

氯化氨甲酰甲胆碱注射液 主要用于胃肠迟缓、肠便秘、胃肠积食、前胃迟缓，也用于膀胱积尿、胎衣不下和子宫蓄脓等。皮下注射，1 次量，每千克体重，羊 0.05~0.1 毫克。

19. 常用的制酵药和消沫药有哪些？

（1）制酵药 常用的有鱼石脂、来苏尔、松节油、大蒜酊等。

① 鱼石脂。常用于瘤胃臌胀、前胃迟缓、急性胃扩张；外用有温和刺激作用，可消肿，促使肉芽新生，10%~30%软膏用于慢性皮炎、蜂窝织炎等；内服时，先用倍量的乙醇溶解，然后加水稀释呈 2%~5%溶液，1 次量，羊 1~5 克。

② 来苏尔。用于制酵、瘤胃臌气。内服，1 次量，羊 2~3 毫升。

③ 松节油。用于羊胃肠臌气。内服，1 次量，羊 2~3 毫升。

（2）消沫药 常用的消沫药有二甲硅油、松节油、各种植物油（如豆油、花生油、菜籽油、麻油、棉籽油等）。

二甲硅油。由于瘤胃泡沫性臌胀病，临用时配成 2%~3% 酒精溶液或

2%～5%煤油溶液，最好采用胃管投药，投药前后应灌少量温水，以减轻局部刺激。1次量，羊1～2克。

20. 常用的泻下药有哪些？

常用的泻下药有容积性泻药、润滑性泻药和刺激性泻药。

（1）容积性泻药　又叫渗透性泻药，服用后会在肠内形成高渗，抑制水分的吸收，使肠内容积物增大，刺激肠黏膜，达到促进排便的效果，代表性药物包括硫酸钠和硫酸镁等。

① 硫酸钠。小剂量内服可发挥盐类健胃药的作用，大剂量内服有泻下作用，主要用于反刍动物瓣胃及皱胃阻塞；排出消化道内毒物、异物，配合驱虫药排出虫体等。此外，10%～20%高渗液外用治疗化脓创、瘘管等。不适用小常便秘治疗，禁与钙盐配合应用。健胃内服，1次量，羊3～10克；导泻内服，1次量，羊40～100克。

② 硫酸镁。应用基本同硫酸钠。导泻内服，1次量，羊50～100克。

（2）润滑性泻药　润滑性泻药在到达肠道后，能够起到润滑肠道的功效，帮助软化大便，有利于其排出体外。

① 液状石蜡。用于小肠阻塞、便秘、瘤胃积食等。肠炎患病动物、怀孕动物也可应用。内服，1次量，羊100～300毫升。

② 植物油。适用于大肠便秘、小肠阻塞、瘤胃积食等，不用于排出脂溶性毒素。慎用于怀孕、肠炎患病动物。内服，一次量，羊100～300毫升。

（3）刺激性泻药　刺激性泻药可以刺激肠道蠕动，从而使肠道内的大便快速排出体外，对于急、慢性便秘可以起到一定的治疗效果。

① 大黄。又名川军，其有效成分为苦味质、鞣质及蒽醌苷类的衍生物，如大黄素、大黄酚、大黄酸等。剂量不同，可使大黄产生截然不同的作用。

小剂量健胃。大黄味苦，内服小剂量时主要发挥苦味健胃作用，这是目前兽医临床比较多用的一个方面。

中等剂量，收敛止泻。大黄含有大量鞣质，不论内服或外用，都可出现一定的收敛作用。内服中等剂量的大黄，鞣酸苷在肠内分解产生大黄鞣酸，呈现收敛止泻作用。当大黄用作泻药时，这一作用就成为副作用。

大剂量致泻。大黄含有蒽醌苷类，大剂量内服后，在胃内不分解，所以不产生作用。在小肠可被吸收，在体内水解为大黄素等，再由大肠分泌，进入肠腔，刺激大肠壁的欧氏神经丛，反射地引起大肠蠕动增强，促进排粪。

因其作用部位主要在大肠，所以泻下作用比较缓慢，一般要在用药后6~24小时才能排出软粪。又因为大黄含有鞣质，排粪后往往继发便秘，故临床上很少将大黄单独作泻药应用。如果与硫酸钠配合，常可出现良好的致泻效果，这时大黄与硫酸钠2药的剂量都可适当减少。

临床上主要做健胃剂使用，与硫酸钠配合做泻剂。作为撒布剂外用，治疗创伤、火伤和烫伤。健胃内服，1次量，羊2~4克。止泻内服，1次量，羊5~8克。导泻内服，1次量，羊2~5克。

② 蓖麻油。主要用于幼龄动物及小动物小肠便秘。但不宜用于排出毒物及驱虫，孕羊、肠炎时不得用本品作为泻剂，也不能长期反复应用。内服，1次量，羊20~60毫升。

21. 常用的止泻药有哪些？

（1）鞣酸 该药为淡黄色粉末，或为疏松有光泽的鳞片，或为海绵状块。微有特异臭味，味极涩。易溶于水，水溶液呈酸性反应，久置则缓缓分解。该药为一种蛋白质沉淀剂，能与蛋白质结合生成鞣酸蛋白，故具有收敛作用。内服后部分鞣酸在胃内与胃蛋白结合，形成鞣酸蛋白，到达小肠后，再被分解放出鞣酸而呈现收敛性消炎、止泻作用。但在肠内碱性环境中，大部分鞣酸可迅速被分解而失效，故其收敛作用不能到达肠道后部。此外，鞣酸还能与生物碱、苷及重金属盐等产生沉淀。但该药不能沉淀吗啡、可卡因、阿托品、烟碱、毒扁豆碱等生物碱及砷、锑、汞等重金属，故这类物质中毒时不能用其解毒。该药吸收后对肝有毒性，故烧伤面积太大时不宜采用，以免吸收中毒。外用5%~10%鞣酸溶液或20%软膏，可治疗创伤、湿疹和急性皮炎等。用于止泻内服，羊2~5克/次。

（2）鞣酸蛋白 该药为淡棕色或淡黄色粉末，无臭，几乎无味，不溶于水及醇。鞣酸蛋白本身无活性，内服后在胃内不发生变化，也不呈现作用，进入小肠遇碱性肠液，则渐渐分解为鞣酸及蛋白，而呈现收敛性消炎、止泻等作用。这种作用较持久，能到达肠管后部。主要用于急性肠炎、非细菌性腹泻等。片剂，每片0.25克、0.50克。内服，羊2~5克/次。

（3）鞣仿 该药为淡红色粉末。该药内服后，在肠内碱性肠液的作用下，分解产生鞣酸和甲醛，因而有收敛与防腐作用。主要用于肠道感染或外用为创面撒布剂，能迅速杀菌结痂。内服，羊2~5克/次。

（4）次硝酸铋　为白色结晶性粉末，无臭，无味，不溶于水或醇，但易溶于盐酸或硝酸。悬浮于水中的溶液遇湿润的蓝色石蕊试纸，显弱酸性反应。由于次硝酸铋不溶于水，故内服后大部分被覆在肠黏膜表面，呈现机械性保护作用。同时，在肠道中还可以与硫化氢结合，形成不溶性的硫化锌，覆盖于肠黏膜表面，也呈现机械性保护作用，减少了硫化氢对肠道的刺激，因而肠蠕动减慢，出现止泻作用。该药可用于胃肠炎和腹泻等。但肠中细菌（如大肠杆菌）可还原硝酸离子成为亚硝酸而引起中毒，故现已不用。治疗肠炎、腹泻时，最好改用次碳酸铋。外用时，次硝酸铋在炎性组织的酸性环境下，能游离出少量的铋离子，与细菌和组织表层的蛋白质结合，因而有抑菌和消炎作用。对烧伤、湿疹可用次硝酸铋粉撒布，或涂布5%～10%次硝酸铋软膏。片剂，每片含0.3克。内服，羊2~4克/次。粉剂，内服剂量同片剂，也可供外用。

（5）矽碳银　由白陶土480份、药用炭120份和氯化银3份混合组成。该药具有吸附、收敛作用，常用于急性胃肠炎、腹泻、肠内异常发酵等。粉剂，内服，羊5~10克/次。片剂，每片含0.3克，内服同粉剂。

（6）药用炭　为黑褐色、轻松粉末，无臭，无味，加热能在空气中不产生火焰而燃烧。分子间空隙多，故表面积大，吸附作用很强，有吸附多种物质的特性。该药内服到达肠内后，能减轻肠内容物对肠壁的刺激，使肠蠕动减弱，呈现止泻作用。该药还能吸附胃肠内多种有害物质，如细菌、发酵产物、色素、气体以及生物碱等。用于救治腹泻、肠炎、毒物中毒等。外用作创伤撒布剂。粉剂，内服，羊10~25克/次。

22. 养羊常用的解毒药有哪些？如何正确使用？

（1）硫酸阿托品注射液　为无色澄明液体。抗胆碱药，主要用于有机磷酸酯类中毒、麻醉前给药和拮抗胆碱神经兴奋症状。肌内、皮下或静脉注射，1次量，每千克体重，麻醉前给药，羊0.01~0.025毫升（规格：10毫升：20毫克）；解除有机磷酸酯类中毒，羊、猪0.25~0.5毫升。

本品副作用与用药目的有关，其毒性作用往往是使用过大剂量所致。在麻醉前给药或治疗消化道疾病时，易致肠臌胀、瘤胃臌胀和便秘等。

所有动物的中毒症状基本类似，即表现为口干、瞳孔扩大、脉搏快而弱、兴奋不安和肌肉震颤等，严重时则出现昏迷、呼吸浅表、运动麻痹等，最终可因惊厥、呼吸抑制及窒息而死亡。

肠梗阻、尿潴留等患病羊禁用；中毒解救时宜采用对症性支持疗法，极度兴奋时可试用毒扁豆碱、短效巴比妥类、水合氯醛等药物对抗。禁用吩噻嗪类药物如氯丙嗪治疗。

（2）碘解磷定注射液　无色或几乎无色澄明液体。解毒药，用于有机磷中毒。静脉注射，1次量，每千克体重，羊0.6~1.2毫升（规格：10毫升：0.25克，或20毫升：0.5克）。本品注射速度过快可引起呕吐、心率加快和共济失调。大剂量或注射速度过快还可引起血压波动、呼吸抑制。

禁与碱性药物配伍；有机磷内服中毒的羊先以2.5%碳酸氢钠溶液彻底洗胃（敌百虫除外）；由于消化道后部也可以吸收有机磷，应用本品至少维持48~72小时，以防延迟吸收的有机磷加重中毒程度，甚至致死。用药过程中定时测定血液胆碱酯酶水平，作为用药监护指标。血液胆碱酯酶应维持在50%~60%。必要时应及时重复应用本品。本品与阿托品有协同作用，与阿托品联合应用时，可适当减少阿托品剂量。

（3）亚甲蓝注射液　为深蓝色澄明液体。解毒药，用于亚硝酸盐中毒。静脉注射，1次量，每千克体重，羊0.1~0.2毫升（规格：2毫升：20毫克）。本品忌与强碱性溶液、氧化剂、还原剂和碘化合物配伍。静脉注射过快可引起呕吐、呼吸困难、血压降低、心率加快和心律紊乱。用药后尿液呈蓝色，有时可产生尿路刺激症状。由于亚甲蓝溶液与多种药物有配伍禁忌，因此不得将本品与其他药物混合注射。

（4）二巯基丙醇注射液　为无色或淡黄色澄明油状液体。与依地酸钙钠合用可治疗幼龄小动物急性铅中毒和砷、汞、铋、锑等中毒。深部肌内注射，1次量，每10千克体重，羊0.25~0.5毫升（规格：2毫升：0.2克）。本品为竞争性解毒剂，应及早足量使用。

23. 养羊常用的抗过敏药有哪些？

（1）盐酸苯海拉明注射液　为无色澄明液体，可加强麻醉药和镇静药的作用。抗组胺药，用于变态反应性疾病，如荨麻疹等。肌内注射，1次量，羊2~3毫升（规格：1毫升：20毫克）。本品有较强的中枢抑制作用；中毒时可静脉注射短效巴比妥类（如硫喷妥钠）进行解救，但不可使用长效或中效巴比妥。对严重的急性过敏性病例，一般先给予肾上腺素，然后再注射本品。全身治疗一般需持续3天。

（2）盐酸异丙嗪　为白色至微黄色片。可加强麻醉药、镇静药、镇痛药和局麻药的作用。抗组胺药，用于变态反应性疾病，如荨麻疹、血清病等。内服，1次量，羊8~40片（规格：每片12.5毫克）。忌与碱性溶液或生物碱合用。

 ## 24. 养羊常用的激素类药物有哪些？

（1）盐酸肾上腺素注射液　本品为无色或几乎无色的澄明液体；受日光照射或与空气接触易变质。拟肾上腺素类药，用于心脏骤停的急救；缓解严重过敏性疾患的症状；亦常与局部麻醉药配伍，以延长局部麻醉持续时间。皮下注射，1次量，羊0.2~1毫升（规格：1毫升：1毫克）；静脉注射，1次量，羊0.2~0.6毫升。本品可诱发兴奋、不安、颤抖、呕吐、高血压（过量）、心律失常等。局部重复注射可引起注射部位组织坏死。如变色，则不得使用；与全麻药如水合氯醛合用时，易发生心室颤动；不能与洋地黄、钙剂合用。器质性心脏疾患、甲状腺机能亢进、外伤性及出血性休克等患羊慎用。

（2）重酒石酸去甲肾上腺素注射液　本品为无色或几乎无色的澄明液体；遇光和空气易变质。拟肾上腺素类药，具有强烈的收缩血管、升高血压作用，用于外周循环衰竭休克时的早期急救。静脉注射，1次量，羊1~2毫升（规格：1毫升：2毫克）。静滴时间过长、剂量过高或药液外漏，可引起局部缺血坏死；静滴时间过长或剂量过大，可使肾脏血管剧烈收缩，导致急性肾衰。出血性休克禁用，器质性心脏病、少尿、无尿及严重微循环障碍等禁用；因静脉注射后药物在体内迅速被组织摄取，作用仅维持几分钟，故应采用静脉滴注，以维持有效血液浓度；限用于休克早期的应急抢救，并在短时间内小剂量静脉滴注，若长期大剂量应用可导致血管持续性强烈收缩，加重组织缺氧、缺血，使休克的微循环障碍恶化。

（3）地塞米松磷酸钠注射液　为无色澄明液体。糖皮质激素类药。有抗炎、抗过敏和影响糖代谢等作用。用于炎症性、过敏性疾病，羊妊娠毒血症。肌内、静脉注射，1次量，羊2~6毫升（规格：1毫升：2毫克）。妊娠早期及后期的母羊禁用；严重肝功不良、骨软症、骨折治疗期、创伤修复期、疫苗接种期羊禁用；严格掌握适应症，防止滥用；对细菌性感染应与抗菌药合用；长期用药不能突然停药，应逐渐减量，直至停药。

（4）甲基前列腺素 $F_{2\alpha}$ 注射液 为无色澄明液体。本品具有溶解黄体，增强子宫平滑肌张力和收缩力等作用。主要用于同期发情、同期分娩；也用于治疗持久性黄体、诱导分娩和排出死胎，以及治疗子宫内膜炎等。肌内注射或宫颈内注入，1 次量，每千克体重，羊 0.83~1.67 毫升（规格：1 毫升：1.2 毫克）。大剂量应用可产生腹泻、阵痛等不良反应。

（5）黄体酮注射液 为无色至淡黄色的澄明油状液体。性激素，用于预防流产。肌内注射，1 次量，羊 0.3~0.5 毫升（规格：1 毫升：50 毫克）。奶山羊泌乳期不得使用；长期应用可能延长妊娠期。

（6）缩宫素注射液 为无色澄明或几乎澄明的液体。子宫收缩药，用于催产、产后子宫止血和胎衣不下等。皮下、肌内注射，1 次量，羊 2~10 毫升（规格：2 毫升：10 单位）。子宫颈尚未开放、骨盆过狭以及产道阻碍时禁用于催产。

（7）垂体后叶注射液 为澄明或几乎澄明的无色液体。子宫收缩药，用于催产、产后子宫出血和胎衣不下等。皮下、肌内注射，羊 1~5 毫升（规格：1 毫升：10 单位）。催产时，若产道异常、胎位不正、子宫颈尚未开放等禁用；用量大时可引起血压升高、少尿及腹痛。

25. 养羊常用的抗风湿类药物有哪些？

（1）水杨酸钠注射液 为无色至微黄色的澄明液体。解热镇痛药，用于风湿症等。静脉注射，1 次量，羊 20~50 毫升（规格：10 毫升：1 克）。本品仅供静脉注射，不能漏出血管外；长期大剂量应用，可引起耳聋、肾炎等；有出血倾向、肾炎及酸中毒的患病羊禁用。

（2）注射用普鲁卡因青霉素 白色粉末，主要用于革兰氏阳性菌感染，亦用于放线菌和钩端螺旋体等感染。肌内注射，1 次量，每千克体重，羊 2 万~3 万单位（规格：40 万单位中含普鲁卡因青霉素 30 万单位，青霉素钾或青霉素钠 10 万单位），1 日 2 次，连用 2~3 天。不良反应主要是过敏反应，但发生率低。局部反应表现为注射部位水肿、疼痛，全身反应为荨麻疹、皮疹，严重者可引起休克或死亡。有时可诱导胃肠道二重感染。

（3）盐酸普鲁卡因注射液 为无色澄明液体，局部麻醉药。用于浸润麻醉、传导麻醉、硬膜外麻醉和封闭疗法。以盐酸普鲁卡因计，浸润麻醉、封闭疗法：0.25%~0.5%溶液，羊 2~5 毫升（5 毫升含盐酸普鲁卡因 0.15 克）；

传导麻醉：2%~5%溶液，每个注射点，羊2~5毫升；硬膜外麻醉：2%~5%溶液，羊5~10毫升。剂量过大易出现吸收作用，可引起中枢神经系统先兴奋后抑制的中毒症状，应进行对症治疗。本品应用时常加入0.1%盐酸肾上腺素注射液，以减少普鲁卡因吸收，延长局麻时间。

（4）普鲁卡因青霉素注射液　为微颗粒的混悬油溶液，静置后细微颗粒下沉，振摇后成均匀的淡黄色混悬液。肌内注射，1次量，每10千克体重，羊0.67~1毫升（规格：10毫升∶300万单位，普鲁卡因青霉素2 967毫克）。1天1次，连用2~3天。不良反应为过敏反应，大多数家畜均可发生，但发生率较低。局部反应表现为注射部位水肿、疼痛，全身反应为荨麻疹、皮疹，严重者可引起休克或死亡。某些动物，青霉素可诱导胃肠道二重感染。

参考文献

李连任, 2016. 现代羊病防制实战技术问答 [M]. 北京: 化学工业出版社.

田树军, 王宗仪, 2015. 养羊与羊病防治 [M]. 北京: 金盾出版社.

闫益波, 2015. 轻松学羊病防制 [M]. 北京: 中国农业科学技术出版社.

张三军, 薛双, 付显东, 等, 2021. 养羊与羊病防控技术 [M]. 郑州: 河南科学技术出版社.